青少年 应急自救 知识读本

掌握应急自救知识，提高自我保护能力

台风防范与自救

了解应急自救知识，
提高自我保护意识,增强自我保护能力
运用知识、技巧,沉着冷静地化解危机

玮 珏◎编著

河北出版传媒集团
河北科学技术出版社

图书在版编目（CIP）数据

台风防范与自救 / 玮珏编著. --石家庄：河北科学技术出版社，2013.5（2021.2重印）

ISBN 978-7-5375-5891-4

Ⅰ. ①台… Ⅱ. ①玮… Ⅲ. ①台风-青年读物②台风-少年读物③台风灾害-自救互救-青年读物④台风灾害-自救互救-少年读物 Ⅳ. ①P444-49②P425.6-49

中国版本图书馆 CIP 数据核字（2013）第 095509 号

台风防范与自救

taifeng fangfan yu zijiu

玮珏　编著

出版发行	河北出版传媒集团	
	河北科学技术出版社	
地　　址	石家庄市友谊北大街 330 号（邮编：050061）	
印　　刷	北京一鑫印务有限责任公司	
经　　销	新华书店	
开　　本	710×1000　1/16	
印　　张	13	
字　　数	160 千字	
版　　次	2013 年 6 月第 1 版	
	2021 年 2 月第 3 次印刷	
定　　价	32.00 元	

前言

Foreword

平均每年会有7个台风登陆我国，对我国沿海省份造成直接而重大的影响。台风是一种重要的天气系统，它的威力无穷，危害巨大，曾使全球无数国家和地区遭受重大灾害，让无数人丧失生命；台风，曾给不少部队的行动和武器装备造成重大影响甚至损失。近年来，影响我国的"云娜""海棠""麦莎""卡努""达维""碧利斯""格美""桑美"等台风，给人们留下了深刻的记忆和伤痛。

每次台风到来，伴随的都是狂风、暴雨等，它们对海上航运、渔业捕捞和石油开发等构成严重威胁；台风登陆地区还常受狂风暴雨和风暴潮袭击，给人民的生命、国家资财和工农业生产造成重大损失。

实际上，台风给人的影响是多面的，对我国的影响有不利的一面，也有有利的一面。

台风引起的降雨能解除或缓和大范围的旱情，给生产建设带来益处。准确、及时的台风预报和警报可以起到趋利避害的作用，使台风登陆或受影响的地区提早采取预防措施，最大限度地减少灾害损失；其他地区则可以及时调整抗旱防汛等安排，从而保证工农业生产正常进行。

本书从台风形成原理、台风的利与害、台风预防和监测、台风的自救机制、典型台风案例追溯、相关灾害的预防和自救六个方面介绍了台风的相关知识，以期对青少年在应对台风灾难时有所帮助。

前言

Foreword

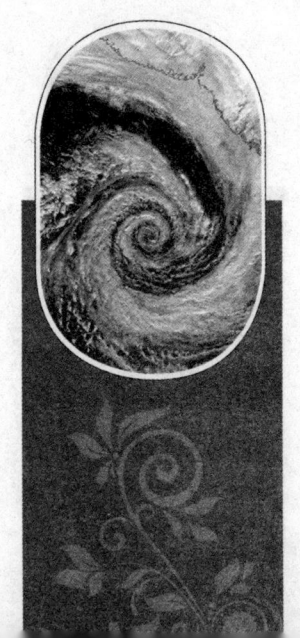

台风形成原理

热带气旋……………………………………………	2
认识台风……………………………………………	6
台风的登陆方向……………………………………	9
台风的结构…………………………………………	11
台风的形成…………………………………………	21
台风形成与热带气流………………………………	28
台风的命名…………………………………………	30
台风的发展和消亡…………………………………	35
何为飓风……………………………………………	37

台风的利与害

台风会造成哪些巨大危害…………………………	40
台风灾害详解………………………………………	44
台风也会立功………………………………………	52

飓风也极具摧毁力……………………………………… 58
飓风和全球气候变化…………………………………… 61

台风预防和监测

建立灾害预警机制……………………………………… 70
怎样预防和监测台风…………………………………… 76
台风监测专业机构……………………………………… 89
台风监测主要方法……………………………………… 94
台风预报的科学水平…………………………………… 96
及时发布台风警报……………………………………… 99
怎样追踪飓风…………………………………………… 103
避免飓风造成的巨大破坏……………………………… 112

台风的自救机制

防御台风任重道远……………………………………… 120
长期防御………………………………………………… 122

遭遇台风时的自救方法 …………………………… 124
其他自救措施 …………………………………… 130
飓风来袭时怎样保护自己 ………………………… 133

典型台风案例追溯

亚洲台风 …………………………………………… 140
藤原效应 …………………………………………… 147
发生在东亚的台风案例 …………………………… 149
发生在我国的台风案例 …………………………… 151
发生在南亚的台风案例 …………………………… 158
乔迪斯勘探船面对极地飓风 ……………………… 160
温带飓风 …………………………………………… 162
发生在美国的飓风案例 …………………………… 167

相关灾害的预防和自救

风灾 ································ 182
龙卷风 ······························ 184
洪水 ································ 186
风暴潮 ······························ 188
海浪 ································ 192

台风防范与自救

台风形成原理

热带气旋

热带气旋是发生在热带或副热带洋面上的低压涡旋，是一种强大而深厚的热带天气系统。

热带气旋通常在热带地区离赤道平均3～5个纬度外的海面（如西北太平洋，北大西洋，印度洋）上形成，其移动主要受到科氏力及其他大尺度天气系统所影响，最终在海上消散，或者变为温带气旋，或在登陆陆地后消散。登陆陆地的热带气旋会带来严重的财产和人员伤亡，是自然灾害的一种。不过热带气旋亦是大气循环其中的一个组成部分，能够将热能及地球自转的角动量由赤道地区带往较高纬度；另外，也可为长时间干旱的沿海地区带来丰沛的雨水。

不同的地区习惯上对热带气旋有不同的称呼。西太平洋沿岸的中国、日本、越南、菲律宾等地，习惯上称当地的热带气旋为台风。而大西洋则习惯称当地的热带气旋为飓风。其他地方对热带气旋亦有不同称呼，在澳大利亚，被称为"威力-威力"。气象学上，则只有风速达到某一程度的热带气旋才会被冠以"台风""飓风"等名字。

热带气旋形成条件

热带气旋的能量来自水蒸气凝固时放出的潜热。对于热带气旋的形成条件，至今尚在研究之中，尚未完全了解。一般认为热带气旋的生成需具备六个条件，但热带气旋也可能在这六个条件不完全具备的情况下生成。

（1）海水表面温度不低于26.5℃，且水深不少于50米。这个温度的海水足够造成上层大气不稳定，因而能维持对流和雷暴。

（2）大气温度随高度而迅速降低。这容许潜热被释放，而这些潜热是热带气旋的能量来源。

（3）潮湿的空气，尤其在对流层的中下层。大气湿润有利于天气扰动的形成。

（4）需在离赤道超过5个纬度的地区生成，否则科里奥利力的强度不足以使吹向低压中心的风偏转并围绕其转动，环流中心便不能形成。

（5）不强的垂直风切变，如果垂直风切变过强，热带气旋对流的发展会被阻碍，使其正反馈机制未能启动。

（6）一个预先存在的且拥有环流及低压中心的天气扰动。

大多数热带气旋在热带辐合带形成，热带辐合带是在全球热带地区出现的雷暴活动区。

热带气旋在海水温度高的地区生成，通常在27℃以上。它们在海洋的东部产生，向西移动，并在移动的过程中增强。这些系统大部分在南北纬10°~30°内形成，而有87%在南北纬20°以内形成。因为科里奥利力给予并维持热带气旋的旋转，热带气旋鲜有在科里奥利力最弱的南北纬5°之内生成但也有可能在这个地区形成，例如2001年的台风"画眉"和2004年的热带气旋"Agni"。

造成的灾害

成熟的热带气旋释放的功率可达 $6×10^{14}$ 瓦,在海上的热带气旋引起滔天巨浪,狂风暴雨。有时会令船只沉没,国际航运受影响。但是热带气旋以登陆陆地时所造成的破坏最大,主要的直接破坏包括以下三点。

大风:飓风级的风力足以损坏以至摧毁陆地上的建筑、桥梁、车辆等。特别是在建筑物没有被加固的地区,造成的破坏更大。大风亦可以把杂物吹到半空,使户外环境变得非常危险。

风暴潮:因为热带气旋的风及气压造成的水面上升,可以淹没沿海地区,倘若适逢天文高潮,危害更大。风暴潮往往是热带气旋各种破坏之中夺去生命最多的一种灾害。

大雨:热带气旋可以引起持续的倾盆大雨。在山区的雨势更大,并且可能引起河水泛滥、土石流及山泥倾泻。

热带气旋也为登陆地造成若干间接破坏,包括以下几方面。

疾病：热带气旋过后所带来的积水，以及下水道所受到的破坏，可能会引起流行病。

破坏基建系统：热带气旋可能破坏道路、输电设施等，阻碍救援工作。

农业：风、雨可能破坏鱼、农产物，引致粮食短缺。

盐风：海水的盐分随着热带气旋引起的巨浪被带到陆上，附在农作物的叶面可导致农作物枯萎，附在电缆上则可能引起漏电。

认识台风

　　台风（或飓风）特指热带海洋发生的强烈热带气旋。世界各地对台风有不同的称呼，因为发生地点不同，叫法也不同。发生在北太平洋西部、国际日期变更线以西，包括中国南海范围内就叫台风；而发生在大西洋或北太平洋东部时，则被称为飓风。在印度洋和孟加拉湾称为热带风暴，在澳大利亚则称为热带气旋。换句话说，在菲律宾、中国、日本一带叫台风，在美国一带就叫飓风了，南半球则称它为"气旋"。

　　热带气旋是发生在热带或副热带洋面上的低压涡旋，是一种强大而深厚的热带天气系统。像在流动江河中前进的涡旋一样，它能够一边围绕自己的中心急速旋转，一边随周围大气向前移动。热带气旋的气流受科氏力的影响而围绕着中心旋转。在北半球，热带气旋沿逆时针方向旋转，在南半球则以顺时针旋转。气旋中心附近，气压最低，风力最大。但是发展强烈的热带气旋则不同，如台风，台风眼却是一片风平浪静的晴空区。

　　热带海洋气候对热带气旋的强度差异影响很大。国际上以其中心附近的最大风力来确定强度并进行分类。

　　热带低压：热带气旋中心附近最大风力小于8级。

　　热带风暴：热带气旋中心附近最大风力为8级或9级。

　　强热带风暴：热带气旋中心附近最大风力为10级或11级。

　　台风：热带气旋中心附近最大风力为12级或以上才可以被称为台风。

　　世界上平均每年都会发生80～100次台风，大多数都发生在太平洋和大西洋上。经统计发现，西太平洋台风发生主要集中在以下四个地区：

（1）菲律宾群岛以东和琉球群岛附近海面。这一带是西北太平洋台风多发地区，全年几乎任何时候都有台风发生。1—6月份北纬15°以南的菲律宾萨马岛和棉兰老岛以东的附近海面；6月以后由此区域向北伸展；7—8月份出现在菲律宾吕宋岛到琉球群岛附近海面；9月又向南移到吕宋岛以东附近海面；10—12月份又移到菲律宾以东的北纬15°以南的海面上。

（2）关岛以东的马里亚纳群岛附近。群岛四周海面的台风多发季节在7—10月份，5月以前很少，6月、11月和12月则主要发生在群岛以南附近海面上。

（3）马绍尔群岛附近海面上。台风多集中在该群岛的西北部和北部。10月最为频繁，1—6月份则少有台风生成。

（4）我国南海的中北部海面。受我国气候影响，6—9月份为台风的多发季节，1—4月份则少有发生，5月逐渐增多，10—12月份又减少，发生规律呈抛物线状，但发生地点则比较集中，多发生在北纬15°以南的北部海面上。

台风的发生难以控制，它是一种破坏力很强的灾害性天气系统，其强大危害性主要表现在以下三个方面。

大风：台风中心附近最大风力一般为8级以上。

暴雨：台风的发生都会伴随暴雨的出现，在台风经过的地区，一般能产生150~300毫米的强降雨，少数台风能产生1000毫米以上的特大暴雨。

风暴潮：台风的发生也使得其发生地区的海水水位上升，近几年的数场台风使我国江苏省沿海最大增水达到3米，超过历史最高潮位，严重威胁到了人民群众的生命与财产安全。

台风的登陆方向

我国主要受西北太平洋形成的台风影响，这些台风受东风影响，并以大约5米/秒的速度，在一周左右时间内向西或西北方向移动。有时它们绕副热带高压向极地方向移动，当它们移到足够北时，被西风气流捕获，使它们弯曲向北方或东北方移动。在中纬度，台风前进速度一般会增加，有时超过20米/秒。台风的实际路径（由风暴的结构和风暴与环境的相互作用决定）变化显著。正常情况下，台风移动路径平滑、稳定。但少数台风移动路径曲折多变，有停滞、打转，突然转向，移

速突然变化，路径飘移不定等多种形式。这些奇怪的路径和不确定的转向，让预报人员感到诧异，例如，一股台风向陆地前进时，有时会忽然转向离去，使陆地区域免受某种灾难。

影响我国的台风有3种路径：

（1）西移路径。台风从菲律宾以东一直向偏西方向移动，经南海在华南沿海、海南岛或越南一带登陆。它对我国华南沿海地区影响很大。

（2）西北路径。台风从菲律宾以东向西北偏西方向移动，在我国台湾、福建一带登陆；或从菲律宾以东向西北方向移动，穿过琉球群岛，在浙江一带登陆。台风登陆后在我国消失。它对我国华东地区影响较大。

（3）转向路径。台风从菲律宾以东向西北方向移动，到达我国东部海面或在我国沿海地面登陆，然后转向东北方向移去，路径呈抛物线状，对我国东部沿海地区及日本影响最大。

台风的结构

　　根据台风区内低空风速大小的分布可以将台风分为三个区域，分别为外围区（风力8级以下）、涡旋区和眼区。

　　台风眼区很容易辨别，直径约40千米，涡旋区半径约250千米，是近似圆形的螺旋密蔽云区，从涡旋区向外就是外围区，外围区的风力一般都在8级以下。

　　台风云图根据拍摄角度的不同，有斜拍和直拍之分。斜拍的角度开阔，范围较广，可以看到地球的形状，但不易确定其中心位置和范围；直拍也就是垂直拍摄，可以确定眼区中心范围一般在10~150千米，比较常见的通常直径在30~50千米。而台风的直径一般是在600~1000千米，甚至有些达到2000千米。

　　根据台风云图，我们能够及时准确地跟踪台风，但是，台风专业云图需要专业人员来识别。非专业人员可以看电视里的后期制作的台风云图，经计算机处理后形象地向非专业人员展示有关的天气预报。多了解一些有关的知识，我们可以粗略地判断台风是否会影响本地，及早采取预防措施。在人造卫星未出现之前，人们对台风的结构、天气分布、移动规律等已经有所了解。我们可以根据前人对台风认识的经验总结和台风来临之前的预兆做好防范工作。

台风外围区

1. 台风外围区的卷云

台风来临前,云有预兆。我们可以先简单地了解一下有关云的基本知识,看看云是怎样预兆台风的。

云是由尘埃在空中遇到悬浮在空中的小水滴或小冰晶凝结而成。云有各种各样的产生原因和各种各样的高度,所以形成云的形状也是千变万化的。云的分类方法很多,而通用的国际分类法是将云分为高云、中云、低云和直展云四族,每族又分若干属,共10属。

其中一属是卷云,卷云又分毛卷云、钩卷云和密卷云三种。当台风外围接近本地时,天空会出现辐射状的毛卷云,辐射点以台风中心为原点,并逐渐变厚、变密。随着台风的移近,逐渐出现了卷层云、高层云和层积云,低空有随风急驶的碎层云和碎积云。中纬度地区高空盛行偏西风,高空的卷云也随之自西向东移动,而影响我国的来自菲律宾以东的热带洋面台风却是自东向西移动的,由此可知,当高空出现了自东向西移动的辐射状卷云时,则是台风到来的预兆。按照卷云前缘相距台风中心600千米左右推算,如果台风中心移动的速度是20千米/小时,而且以直径路线行进的话,那么30小时后,台风中心就可来到当地。

2. 台风外围区的大风

台风的出现，预示着热带气旋的近中心风力已达到 12 级。由于地球自转和地面存在的摩擦作用，在北半球气旋中的地面风向是"逆时针往里吹"的。当台风逐渐接近当地时，会影响当地的盛行风向。我国是季风气候，6-7 月份盛行东南季风，所以，如果在台风来临前几天吹北风、东北风或西北风，就说明当地已受到了台风外围气旋性环流的影响了，因为它破坏了正常的季风规律。因此，根据人们长期以来的经验，广东、福建和浙江沿海一带民间流传着这样的谚语："六七月里刮北风，一二日内有台风""六七月东风不过午，过午必台风"等，这种民间说法符合台风发生规律的科学原理，所以，看风向可以判断有无台风的到来。

判断台风，除了根据风向外，还可以根据风速，当风速逐渐增大时，可以推断台风逐渐逼近。这是由于台风中心气压低，最大风速形成在靠近中心附近的地方，越靠近中心风速越大。但奇怪的是在台风真正的中心反倒没有风了，这一个很神秘的地方，我们在后面将详细介绍。如果风速增大的同时，当地偏北风，风向不变，那么台风将从东南方向向西北方向移动。如果风速增大的同时，当地偏北风转变为东北风，那么台风将向西移动，从当地的南面驶过。如果风速增大的同时，当地偏北风转变为西北风，那么台风将向北移动，从当地的东面驶过。依靠风向预测台风方便而准确，所以，我们可以简单了解一下关于风的知识，以了解其原理。

风是因空气流动而形成，而大范围的空气运动，有垂直运动和水平运动的区别。气象学把空气的上下垂直运动叫对流，向上的叫做上升运动，下降的叫做下沉运动；而空气的水平运动就是风。风向是指风吹来的来向。如东北风，是指从东北方向吹来的风。西北风是从西北方向吹来的风。单位时间空气流过的距离叫做风速。常用的单位有米/秒、千米/小时和海里/小时。风速根据风力（风对物体的作用力）的大小划分为18个等级，即0～17级。

3. 台风外围区的长浪

"无风不起浪"生动地说明了风的直接作用引起水面波动。可以根据浪高来辨别风力的大小。风力越大浪也就越大，如7级风对应浪高4米，10级风对应浪高9米，并且风的运动区域越大，运行时间越长，风浪也就越大。当风力作用停止后，风浪不会马上停止，会受到重力和摩擦力影响而慢慢减弱。

"无风三尺浪"则指的是涌浪，是指风区里的风停止后所遗留下来的波浪，或者风浪离开风区后传至远处。与风浪相比，涌浪的波面比较光滑，波长较长。涌浪在传播过程中，能量会逐渐消耗，波高逐渐降低，同时周期和波长也逐渐增加。涌浪的波长（相邻两波峰间的水平距离）比其波高（相邻波峰与波谷间的垂直距离）长40～100倍，个别的甚至可超过1000倍以上，所以涌浪也叫做"长浪"。因为涌浪的大范围平滑运动，使得它在海上是难以被发觉的，观察涌浪需要在靠近岸边的地方。波长越长的浪传播速度越快，速度超过台风，能在台风未到之前浪先到，所以"长浪"也是台风来临前可供评测的一个重要征兆。

风浪和涌浪的形成主要是因为热带气旋中的大风和中心的极低气压作用以及周围环境的海面产生。涌浪的速度是热带气旋的2～3倍，距离可达1000～2000千米。当传播方向与热带气旋移动方向相同时，则高于其他传播方向的涌浪的高度。涌浪一般提前台风2～3天到达。我国黄海和东海沿岸观测到的台风涌浪，波浪高度一般在 3 米以下，周期仅为 10 秒左右。

4. 台风外围区的物象

除了风云，还有其他物象可以用来判断台风是否会来。例如，台风入侵前两三天，海水表层会出现"海火""浮灯"，在海面上一点点、一片片的磷光，闪闪烁烁，时浮时沉。其实这只是一些发光浮游生物（如磷虾、角藻、磷夜光虫、细菌等）以及寄生有磷细菌的某些鱼类，浮动在海水表层时呈现的景象。有些鱼类，特别是浅海鱼类在台风前要上浮，如一种被称作"风台"的粤东沿海的小鱼，土名"仔"，台风出现前几天会特别的多。还有一些如海豚一样较大的鱼，也往往群集海面，深海鱼也随海流从深海来到浅海，有时也会看到鲸。还有一些上浮的底栖生物、深层鱼类等，如海蛇也会上浮海面缠结成团。

首先，外海台风的风浪驱使这些鱼类及浮游生物上浮和少见的海洋生物趋集近海。其次，虽然人听不到低频的风暴声波，但海中鱼虾却可以感觉到，受到惊扰骚动，四处流窜。然后由于台风区内气压下降，海水中含氧量减少，所以要浮上海水表层。另外，有些海洋生物喜好在这种气象条件下加快繁殖，因此群浮海面。此外，还有一个促成浅海鱼类及底栖生物浮上海面的原因就是海水污浊、泥沙翻滚。

除了海中生物，海鸟的反常也是台风的预兆，如有时会出现大群海鸟惊恐地飞向陆地，或疲乏不堪地跌落在船上或海面，甚至不惧人地群歇在船上……这都是因为海鸟对台风的惊惧而形成。

除了看物象可以预测台风外，看海象也能预测台风。

台风涡旋区

1. 涡旋区中的狂风

热带气旋的涡旋区，一般直径为 200～400 千米，风力常在 8 级以上。距

中心区的直径可达 100～150 千米，风力可达 10 级，当距中心小于 100 千米时，风力向热带气旋中心急速增大，并在热带气旋眼壁处达最大。最大风速通常能够在 60～70 米/秒，也会超过 100 米/秒，并带有阵性，阵风一般比平均风速要大 30%～50%。热带气旋中心眼区附近的最大风速带，宽度平均为 10～20 千米，与环绕台风眼的云墙相重合，是热带气旋破坏力最猛烈、最集中的区域。

2. 涡旋区中的"云墙"

热带气旋的涡旋云墙在靠近眼区的周围，是由高大的对流云组成的，高 8～9 千米，宽 10～20 千米。"云墙"是热带气旋中天气最恶劣的区域，最常出现狂风暴雨。热带气旋发展到台风等级时，绕台风眼周围的"云墙"通常会比较完整，但也有不成形的。紧靠"云墙"的是呈螺旋状分布的积雨云带。在这里还会普遍产生浓厚的层状云。螺旋状积雨云带和层状云的外缘，还有塔状的层积云或浓积云，在热带气旋行进的方向上，塔状云更多，而且云体随风飘移，有时被强风吹散，民间称为"飞云"，俗称"和尚云"或"跑马云"。

3. 涡旋区中的暴雨

在涡旋区 8~9 级风圈内，气压急剧下降，雨层云是下雨的云，灰暗浓厚且不规则，遮蔽天空后开始降大暴雨。雨层云不同于积雨云。积雨云下的是阵性的倾盆大雨，属于积状的直展云族。而雨层云是暗灰色的层状云，云体均匀成层，布满整个天空，遮蔽日月，云底常伴有碎雨云，下的是连续性的雨。当进入热带气旋"云墙"的 10~12 级风圈后，电闪雷鸣，狂风怒吼，降大暴雨到特大暴雨。其中的暴雨、大暴雨和特大暴雨都是降雨量的等级。下面来看一下我国气象部门规定的降雨量等级划分，24 小时总降雨量：

零星小雨——小于 0.1 毫米；

小雨——0.1~10.0 毫米；

中雨——10.1~25.0 毫米；

大雨——25.1~50.0 毫米；

暴雨——50.1~100.0 毫米；

大暴雨——100.1~200.0 毫米；

特大暴雨——大于 200.0 毫米。

1975 年 8 月，我国河南驻马店地区遭遇 7503 号热带气旋袭击，形成百年难见的特大暴雨，日最大降水量达 1005.4 毫米，1 小时的最大降水量达 235 毫米，造成严重的经济损失和人员伤亡。

4. 涡旋区中的巨浪

热带气旋中的中心气压极低，因此气旋内的大风使周围海面产生巨大的风浪和涌浪。风所引起波浪高度的大小与风速大小、大风持续时间成正比，风力达 8 级时一般可产生 5 米以上的巨浪，风力达到 12 级以上则可以产生波高达十几米的狂涛，越接近热带气旋的中心，风浪越高。

热带气旋逼近当地时，由于气压降低引起水位上升，平均气压每降低 1 百帕，会引起水位上升 1 厘米。热带气旋在沿海登陆时，伴随着暴雨和向岸风的影响，再遇到天文大潮，就会引起海面水位异常上涨，造成港湾内海水堵塞、堆积，有时冲毁海堤引起海水倒灌，淹没码头和陆地，造成无法估量的巨大损

失。如1969年7月28日在广东惠来登陆的6903号台风,与天文潮叠加,于是风暴潮冲毁了海堤,海浪高达数层楼,五六十吨的船只被抛进内陆几十米。

台风"眼区"

1. "眼区"的形状

热带气旋的眼区一般是圆形的,也有椭圆形的。"眼区"直径的大小受热带气旋的强度影响,在热带气旋发展初期,"眼区"形状不规则,范围也较大。当热带气旋强烈发展时,"眼区"缩小呈圆形,并成轴对称分布。

2. "眼区"的气温与气压

热带气旋较温带气旋多一个暖中心结构,即中心温度最高,这也是两者最显著的差别。流入热带气旋中心区的辐合上升的气流中,具有充沛的水汽,当"眼区"经过时,气温有时会增高5～6℃,甚至10℃以上。凝结时就能释放出大量潜热,加上热带气旋"眼区"内下沉气流的绝热增温,因而使热带气旋附近强烈增温,形成热带气旋的暖中心结构。

热带气旋是热带地区的暖性低压涡旋。中心的气压值很低,通常在

870~950百帕。气压明显地影响了天气的变化,当气压降低时,天气往往变坏,常伴随有大风、阴雨和低能见度等不良天气,当气压升高以后,天气也随之转好。我们现在经常看到的天气预报,就是由气象台根据气压的分布和变化情况分析出的。气象台每天分析几次地面天气图和高空天气图,即分析气压形势,然后以此为基础再来做天气预报。

气旋就是一个低气压,对应出现阴雨天气,而反气旋就是一个高压,对应出现晴朗天气。

气压也叫大气压力,是大气作用于地球表面单位面积上的力,是有重量的。由此可见,气压是指某地某高度起到大气顶的单位面积空气柱的重量。由于低层流入气旋的空气少,高层流出气旋的空气多,因此,整个气旋空气柱的重量

轻了,所以,气旋中心的气压就低了。

3. "台风眼"内的"金字塔"浪和风暴潮

台风内部有一个很神秘的地方,那就是"台风眼"。它的气温最高,气压最低。气压最低应当是云雨的天气,但是在台风眼中没有风雨,云淡风轻,可见蓝天。前面提到过的气旋也是一个低压,却会引发暴雨天气。同样的低压却有这样明显的区别,主要原因是,气旋中的低压会吸引周围空气产生上升气流,高度上升,气温随之降低,水汽凝结成云致雨。这里关键的是上升气流,要有上升气流才会有阴雨天气,有下沉气流就会有晴朗天气。"台风眼"内就是因为有下沉气流,所以是晴朗的天气。

台风地面的气流不同于气旋,它是逆时针向里吹的,风从四面八方吹来,但是都"挤在"地面,挤不下的自然地就产生了上升运动。离开地面的气流,摩擦力会减小,到一定高度就没有摩擦力了,而这时的气流由逆时针往

里吹，变成了逆时针吹了。上升气流到一定高度后向四周流出，流出的气流在地球旋转的作用下，与地面做相反的旋转运动，即做顺时针的旋转运动。这样一来，低层和中层的气流都进不了中心，这个中空的地方只有由台风的顶部来填补。因此在台风的顶部有从四面八方来的气流，它们不能全都集聚在一起。于是形成"往下跑"的气流，这样下沉气流就形成了一个无风晴朗的"台风眼"。

"台风眼"内无风无云，但由于中心气压极低，所以海面却是波涛汹涌。浪形状犹如"金字塔"，浪顶一经破裂，如悬崖崩堤，惊涛拍岸，对船舶的危害极大。

台风的形成

台风的形成原因

关于台风的成因,至今仍无一个确定说法,我们只能推测它是由热带大气内的扰动发展而来的。夏季时候,太阳直射区域从赤道向北移,致使南半球之东南信风越过赤道转向成西南季风侵入北半球,和原来北半球的东北信风相遇,压迫空气上升,增加对流作用,再因西南季风和东北信风方向不同,相遇时常

造成波动和旋涡。这种西南季风和东北信风相遇所造成的辐合作用,加之原来的对流作用持续不断,使已形成的低气压旋涡继续加深,也就是使四周空气加

快向旋涡中心流，流入愈快，其风速就愈大；当近地面最大风速达到或超过17.2米/秒时，就称它为台风。

热带海洋的海面上经常有许多弱小的热带涡旋，这是形成台风的"胚胎"，台风就是从这种弱的热带涡旋发展成长起来的。通过气象卫星已经查明，在洋面上出现的大量热带涡旋中，约有1/10会发展成台风。

台风形成理论

从前面分析可知，无组织的雷暴群要发展为一个台风，高低层条件必须密切配合。当所有表面条件看起来适合台风生成时（如暖水、潮湿空气和辐合风等），如果高空的天气条件不适合，风暴也就发展不起来。如副高空气下沉加热产生逆温（信风逆温），当逆温强的时候，可抑制雷暴和台风的形成。当高空风强的时候，破坏了对流组织形态并使热量疏散，台风也不能形成。

对于台风的形成，虽然经过近百年的探索，但科学界还没有完全达成共识。对于台风形成的理论，最典型的和有代表性的是对流理论（也称为第二类条件不稳定理论，简称CISK理论）和热机理论。

什么叫对流理论

对流理论认为，台风形成时，雷暴必须变得有组织，以便驱动系统的潜热能够被限制在一个有限的区域内。如果沿 ITCZ 或沿东风波，雷暴组织起来，而且信风逆温弱，那么台风诞生的舞台就可建立。如果高层空气不稳定，台风发展的可能性就会加强。这种不稳定可由从中纬度移向风暴区的高空冷槽引起。一旦这种形势建立，积雨云会快速发展并生长成巨大的雷暴云。

高层空气虽然开始时冷，但由于凝结过程释放的巨大潜热被迅速加热。当这股冷空气变成较暖的空气时，雷暴上部产生高压区。高层空气开始向外运动，远离发展的雷暴区。高层空气辐散伴随气层加热，使得表面气压下降，形成一个小的表面低压区。表面空气开始反时针旋转，并吹向低压区。当向里运动时，它的速度增加（角动量守恒）。风使海面变粗糙，增加了运动空气的摩擦阻力。这种增加的摩擦力导致气流辐合，并使风暴中心周围的空气上升。

上升的空气，从波浪起伏的洋面携带更多的水汽和热量，供给雷暴更多"燃料"并释放更多热量，这样导致表面气压降低更多。中心附近低压产生较大摩擦，导致辐合加强和更多的上升空气。上升空气产生更多的雷暴，释放更多的  热量，使表面气压降得更低，风也更强。这样一个正反馈的连锁反应机制建立了，即空气上升导致中心气压降低，中心气压降低导致更多的空气上升，反复直到一个成熟的台风诞生。

只要高层流出多于地面流入，风暴就会加强，表面气压就会降低。由于系统内，气压受向上伸展的暖空气控制，风暴只会加强到一定程度。控制因子是水温和潜热释放。因此，当风暴完全成熟后，它将耗尽所有可供的能量，空气温度不再上升,气压将不再降低。当中心附近辐合空气超过顶部流出时,表面气压开始增加,风暴逐渐消失。

对流理论突出了积云对流的作用,抓住了水汽凝结释放潜热是台风发展的主要能源这一本质,因此它对热带气旋的发展过程做出了较为合理的解释。但是,对于低层原先存在的低压扰动是如何发生的,该理论没有给出解释,这是一个需要进一步研究的问题。

什么叫热机理论

热机从高温端 T_1 吸收热量,转变为功,在低温端 T_2 放热。

热机理论认为,台风系统像一个热机,它从海面吸收热量,转变为台风发展需要的功(动能或风),然后在台风顶部通过辐射冷却放热。当台风发生时,洋面越暖,台风的最低气压就越低,而且风就越大。

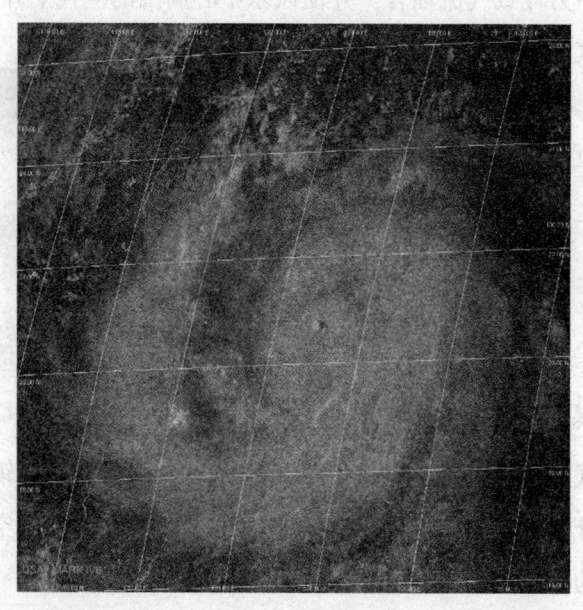

在台风中,旋转涡旋从海面带感热和潜热进入上面空气中。水越暖、风越大,传输的感热和潜热就越多。因为,当空气向风暴中心运动时,靠近眼壁时

风速增加,传输能量的速率增大。同样,大风导致蒸发率提高,传输效率也会增加。

在眼壁附近,暖湿空气上升,水汽凝结形成云。云中潜热的释放,导致眼壁区域气温比远离风暴中心同样高度处的气温高许多。这种形势导致高层形成水平气压梯度,促使空气向外运动,以积雨云的云砧形式吹离风暴中心。在风暴顶部,云向太空辐射红外能量。因此,在台风中,热量从海洋表面带来,转化为动能或风,在顶部通过辐射冷却散失。

台风的形成条件

要有足够广阔的热带洋面,这个洋面不仅要求海水表面温度高于26.5℃,而且在60米深的海水层里,水温都要高于26.5℃。其中,广阔的洋面还是形成台风的必要自然环境,台风内部空气分子之间互相摩擦,每平方厘米每天平均要消耗的能量很多,需要3100~4000卡,这个巨大的能量只有广阔的热带海洋释放出的潜热才可能供应。另外,热带气旋周围有旋转的强风,会造成中心附近的海水翻涌,气压甚至可以低到海洋表面向上涌起,继而又向四周散开,于是海水也就从台风中心向四周翻腾。台风里这种海水翻腾现象能影响到60米的深度。在海水温度低于26.5℃的海面上，热能不够，台风很难维持。为了确保在这种翻腾作用过程中，海面温度始终在26.5℃以上，必须有60米左右厚度的暖水层。

在台风形成之前，预先要有一个弱的热带涡旋存在。就如同机器的运转需要消耗能量来源一样。台风也是一部"热机"，自己制造能量来源。它以巨大的规模和速度在那里转动，要消耗大量的能量，而台风的能量来自热带海洋上的水汽。在一个事先已经存在的热带涡旋内的气压比四周低的时候，周围的空气流向涡旋中心并挟带着大量的水汽，在涡旋区内向上运动；湿空气上升，水汽凝结，释放出巨大的凝结潜热，促使台风运转。即使有了高温高湿的热带洋面供应水汽，如果没有空气强烈上升，产生凝结释放潜热过程，台风也不可能形成。因此，生成和维持台风的一个重要因素是空气的上升运动。先存在一个弱的热带涡旋则是台风形成的必要条件。

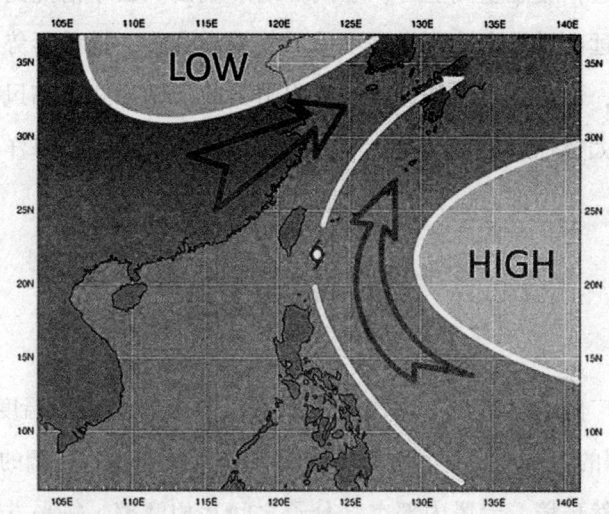

要有足够大的地球自转偏向力。地球赤道的地转偏向力为零，愈向两极则愈渐增大，故台风发生地点大约相距赤道五个纬度以上。地球的自转，产生了一个使空气流向改变的力，称为"地球自转偏向力"。在旋转的地球上，地球自转的作用使周围空气很难直接流进低气压，而是沿着低气压的中心做逆时针方向旋转（在北半球）。

在弱低压上方，高低空之间的风速风向差别要小。在这种情况下，上下空气柱一致行动，高层空气中热量容易积聚，从而增暖。气旋一旦生成，在摩擦层以上的环境气流将沿等压线流动，高层增暖作用也就能进一步完成。在北纬20°以北地区，气候条件已经发生了变化，高层风变大，不利于增暖，不易出现台风。

台风形成与热带气流

南北回归线之间的地带被称为热带，即在赤道附近南北纬23.5°的区域，天气与中纬度有很大的差异。因为热带一年温暖，温度的日变化和季节变化很小，天气也就没有四季的特征。热带季节的差异主要表现在降水上，可分为干湿季节。当热带辐合带（ITCZ）移到这一区域时，云和降水增多。在干季，降水是不规则的，一段时间大雨会持续几天，可能紧随其后的是极端干旱的一段时间。热带风一般从东、东北或东南吹来。热带海平面气压变化也很小。

在热带海域这样的天气中，太阳辐射对海面加热强烈，海面温度升高，海水蒸发，使水面的空气不稳定产生上升运动，因此可产生雷暴，周围空气从四面八方汇聚。由于地转偏向力的作用，这些汇聚的空气就成了逆时针转动的涡旋了，有时候，涡旋就会加强成长为台风。

热带辐合带（ITCZ）是一个低压带，赤道信风向这里辐合。有时候，当沿ITCZ形成一个波动时，一个低压区就会发展起来并加强为台风。有时候，从高纬度移到热带的锋面上产生的低压系统也可发展为台风。

此外，因为热带区域海平面气压变化非常小，天气图上的等压线提供的信息很少。描绘气流的运动的流线可以代替等压线，它们可以显示表面空气在哪里辐合和辐散。有时，流线被赤道弱低压槽影响成为热带波或东风波。其波长约2500米，以20~40千米/小时的速度从东向西运动。在槽东边，东南信风使气流辐合上升产生雷暴和阵雨。有时候，东风波中辐合区加强会成长为台风。

台风的命名

在台风预报里经常可以看到或听到"龙王""风神""海棠""蒲公英""玛利亚""康妮""玉兔""凤凰"之类的名字。那么,台风的这些名字是从哪里来的呢?

台风命名史追溯

台风是一种强烈的热带气旋。它好比水中的漩涡一样,是在热带洋面上绕着自己的中心急速旋转同时又向前移动的空气旋涡。在移动时像陀螺那样,人们有时把它比作"空气陀螺"。由于台风来临时常常伴有狂风暴雨,气象上给它取了一个与普通大风不同的名字——台风。

事实上,我国古代的史书和地方志中就有很多有关台风或飓风的描述。飓风一词也在我国古代文献中出现较早,南朝刘宋时期沈怀远在《南越志》中记载:"熙安多飓风。飓者,其四方之风也,一曰惧风,言怖惧也,常以六七月兴。"其中的飓风即台风。《岭表录》中记载"夏秋之间,有晕如虹,谓之飓母,必有飓风",这是最早关于台风天气预测的记载。《岭南杂记》中对飓风、台风的描述就更加详细:"……之气如虹如雾,有风无雨,名为飓母,夏至后必有北风,必有台信,风起而雨随之,越三四日,台即倏来,少则昼夜,多则三日,或自南转北,或自北转南,阖夏时阳气司权,南方之气为北风摧郁,郁极而发,遂肆横激,其转而北也,因北风未透,南风即起,北风之郁,仍复衡决,必俟有西风,其台始定,然后行舟。土人谓正二三四月发者为飓,五六七八月

发者为台。台甚于飓,而飓急于台。飓无常期,台经旬日。自九月至冬,多北风,偶或有台,亦骤如春飓。船在洋中遇飓可支,遇台难甚,盖飓散而台聚也。"

因此,在我国人们很早就已经注意到台风或飓风,只是没有给予适当的编号或命名。后来当风力等级确立后,人们才开始对风力达8级以上的热带风暴、强热带风暴及台风给予编号或命名。

19世纪初,一些讲西班牙语的加勒比海岛屿的居民根据飓风登陆的圣历时间命名飓风。例如,侵袭波多黎各的三个飓风:1825年7月26日的"圣大安娜",1876年9月13日和1928年9月13日的"圣费里佩"。19世纪末,澳大利亚预报员克里门·兰格用他讨厌的政客的名字为热带气旋命名。

第二次世界大战时期,美国人首先确定了以英文字母(除Q、U、X、Y、Z以外)为字头的四组少女名称给大西洋热带气旋(飓风)命名。20世纪70年代末,应美国女权运动组织的要求,扩充了命名表,改为交替使用男性和女性的名字命名。

20世纪70年代末以后,在世界气象组织台风委员会协调下,热带气旋的命名走向国际化。在大多数区域,热带气旋命名表由该区域的热带气旋委员会制订,通常是交替使用男性和女性的名字。热带气旋委员会更重要的任务,是

促进和协调本地区的热带气旋减灾行动。各区域命名的具体做法不尽相同，通常由指定的气象中心负责按字母顺序依次为热带气旋命名。有的地区命名表循环使用，有的地区时常制订新的命名表。如果某个热带气旋声名狼藉，比如造成了严重伤亡或带来巨大财产损失，则将该热带气旋的名字从命名表中剔除，代之以同性别的另一个名字，并且第一个字母要相同。有的地区用4位数字编号来命名热带气旋，前2位数字为年份，后2位数字为热带气旋在当年的顺序号，有的还加上地理指示码。

我国一直采用热带气旋编号办法，对发生在经度180°以西、赤道以北的西北太平洋和南海海面上的中心附近最大平均风力达到8级或以上的热带气旋，按其生成的先后顺序进行编号。如9608号热带风暴即是1996年在上述海域生成的第8个热带气旋，当它发展成为强热带风暴时，就称为9608号强热带风暴，继续发展成为台风时，就称为9608号台风。当然，当它又衰减成热带风暴时，它又被称为9608号热带风暴了。当热带气旋衰减为热带低压或变性为温带气旋时，则停止对其编号。

现代台风命名程序

给热带气旋统一起名字的建议，是在1997年底在中国香港举行的世界气象组织台风委员会第30届会议上由中国香港代表提出的。建议一提出，立刻得到大多数成员的积极响应。会议指派台风研究协调小组具体研究执行的细节。会后，台风研究协调小组积极开展工作，经过多次讨论，并于1998年8月在北京专门召开会议，讨论热带气旋命名问题。

1998年年底，台风委员会在菲律宾召开第31届会议，其中一项议题就是讨论台风研究协调小组提出的热带气旋命名方案。会上菲律宾代表提出要更换其原来的提名，为此，台风研究协调小组又临时召开会议，专门审议菲律宾提出的名字。在达成一致后，第31届会议通过了台风研究协调小组提出的命名方案，决定新的命名方法自2000年1月1日起执行。

台风命名的业务程序是：

（1）区域专业气象中心——东京台风中心负责按照台风委员会确定的命名表，在给达到热带风暴及其以上强度的热带气旋编号的同时并命名，并按热带气旋命名、编号（加括号）的次序排列。例如2004年第14号台风，命名为"云娜"（0414）；2005年第19号台风，命名为"龙王"（0519）。国际民航组织（ICAO）东京热带气旋咨询中心以及中国和日本全球海上遇险安全系统（GMDSS）XI海区气象广播发布的公报也采用相同的命名和编号。

（2）热带气旋的名字按预先确定的次序依次命名。热带气旋在其整个生命史中保持名字不变。为避免混乱，对通过国际日期变更线进入西北太平洋的热带气旋，东京台风中心只给编号不给新命名，即维持原有命名不变。负责给北太平洋中部热带气旋命名的美国中太平洋飓风中心也同意对从西向东越过国际日期变更线的热带气旋维持东京台风中心的命名。

（3）台风委员会所有成员在向国际社会（包括媒体、航空、航海）发布警报公报时都使用东京台风中心分配的命名和编号。

（4）对造成特别严重灾害的热带气旋，台风委员会成员可以申请将该热带气旋使用的名字从命名表中删去，成为永久命名，也可以因为其他原因申请删除名字。台风委员会每年都会审议台风命名表。

（5）台风名字的取舍。台风名字的选择并不是固定不变的，有很多原因可以让一个台风名字"下台"。如一个台风造成了极大的破坏，变得十分知名，为了防止混淆，会考虑将这个名字"打入另册"永不续用，以便在台风气象灾害史上记录标志性的事件。还有的名字是因为引起一些成员国的争议而"下台"的。

2005年10月2日"龙王"台风先后登陆我国台湾和大陆发难。由于台风"龙王"登陆后，给东南沿海造成重大经济损失和众多人员伤亡，经我国申请，于2005年11月世界气象组织下属台风委员会第38届会议决定，将"龙王"退出台风名册，之后我国提交了新的台风名字"哪吒"。

"下台"的名字还有：2001年的"画眉"，2002年的"鹿莎"，2003年的"伊布都""翰文"，2004年的"云娜"。在大西洋"下台"序列中有：Andrew、Bod、Camille、David、Elena、Frederic。

台风的发展和消亡

台风形成过程中,会按照中心附近地面最大风速,经历几个不同的时期。按照国际规定,从初始扰动形成开始,有轻微风环流的雷暴群称为热带低压(Tropical depression),其最大风速10.8~17.1米/秒(6~7级)。当风速增加到17.2~24.4米/秒(8~9级),并且在地面图上中心周围有几条等压线时,热带低压变成热带风暴(Tropical storm)。当等压线密集,且最大风速24.5~32.6米/秒(10~11级)时,热带风暴变成强热带风暴(Severe tropical storm)。当风速超过32.7米/秒(12级以上)时,强热带风暴变为台风(Typhoon)。

上述的从热带扰动起始发展到台风风力达12级的这段时间,就是台风的形成阶段。随后是台风的加深阶段,即台风继续加深,一直到中心气压达到最低、风力等级出现最大的这段时间。在这之后的一段时间内,中心气压不再加深,台风中心附近等压线密集的范围扩大,台风风力大于12级的范围也在扩大,这段时间是台风的维持(或成熟)阶段。在维持一段时间后,台风开始了它的衰亡阶段,台风因不同的原因逐渐减弱为强热带风暴、热带风暴和热带低压直至消亡。

如果台风停留在暖水面上,它如同一个漂浮旋转的软木塞,可以维持很长时间。但是,大多数台风持续时间短于一周。大多数台风是在海上消失的。台风在海上消失的原因很多,其中有的是通过冷水区和失去供热源而逐渐减弱并消失;有的是由于台风移入强盛的副热带高压范围之内,下沉气流破坏了台风的环流,因而台风减弱消失;有的是因为有强冷空气从台风北部侵入,导致台风减弱填塞。有些台风北移进入西风带后,如有冷空气从台风西北部侵入,则

台风有可能演变成温带锋面气旋。台风登陆后也会消失。台风登陆后，由于能量来源枯竭，加之地面摩擦辐合作用增强，使低层空气质量的辐合大大超过高层的辐散，导致中心气压上升，因而台风减弱消失。

根据以上热带气旋的生命历程，可按其强度进行分级。热带气旋强度一般以其中心海平面最低气压和中心海面最大风速为依据，但有时专指中心海平面最低气压或者中心海面最大风速。

我国从2006年5月15日起执行新的国家标准《热带气旋等级》，增加了"强台风"和"超强台风"两个等级。

我国台湾地区对台风形成和发展过程中的不同阶段的热带气旋有不同的命名，分为热带低压、轻度台风、中度台风和强烈台风。其中轻度台风包括热带风暴和强热带风暴，中度台风包括台风强台风，强烈台风即超强台风。

何为飓风

飓风最初是热带低压，它发生在气压略低于周围空气气压的低压区，严格地说飓风是一种热带现象。尽管来自热带的飓风也许会到达美国明尼苏达州或欧洲地区，但是飓风不可能在这些地区形成，因为飓风的存在离不开提供其能量的热带。离开了热带，飓风的势力就会大大减弱（按气象学来说，就不再被划分为飓风，因为此时飓风的一些基本特征已经发生变化）。

飓风在热带形成，因为只有热带才具备飓风产生的必要条件。

在西半球称之为飓风的天气现象，在世界其他地区有不同的名称，但是现在人们常用飓风来代替其他名称。然而，如果飓风是在印度洋的孟加拉湾形成，传统上称之为气旋（这也是中纬度地区表示低气压的一个气象学专有名词），在太平洋多数地区称之为台风，而在印度尼西亚和菲律宾附近称之为碧瑶风。碧瑶是菲律宾吕宋岛的一个城镇名，那里经常有灾难性恶劣天气袭击岛屿，碧瑶风因此而得名。如果飓风发生在澳大利亚附近，则称之为台风，但是也有一些人称之为畏来风。畏来风描述了沙尘暴或沙漠旋风现象，但是气象学家不再使用后一种名称。尽管名称不同，但是这些名称都指同一现象。北太平洋东南部的飓风产生吹向墨西哥西岸的南风，被称为可尔多那左德旧金山风或弗兰西斯大风。这么称呼是因为这些大风很可能在10月4日左右发生，正值庆祝圣·弗兰西斯节日。尽管气象学家也称它为飓风，但是多数称它为热带气旋。飓风（Hurricane）这个词来源于西班牙语 Huracan，Huracan 来源于主宰风暴天气的加勒比海神 Hurakan 这一名称。台风（Typhoon）有两个词源，一个是希腊语 Typhon，意思是旋风，另一个是中国粤语"台风"，意思是大风。

气旋是低压区，与其相反的反气旋是高压区。正如名称所显示的那样，热带气旋形成于热带，它在热带地区比在高纬度地区更强烈，但是在同一个热带的气旋程度比较相似。

台风的利与害

台风防范与自救

台风防范与自救

台风会造成哪些巨大危害

台风的活动范围

台风一般发生在南、北半球低纬度（5°~20°）地区的洋面上。台风对我国的影响是在4月到12月期间，但主要集中在7月、8月、9月三个月，此期间台风登陆次数约占全年的77%。

影响我国天气的台风起源地，主要集中在北太平洋西部的菲律宾至关岛附近的洋面以及西沙群岛和南沙群岛附近的洋面上。发生在西太平洋地区的台风，移动路径主要有三条：西移路径、西北路径和转向路径。西移路径的台风，在我国华南沿海、海南岛一带登陆，对我国华南沿海地区影响最大。西北路径的台风，在我国台湾、福建或浙江沿海一带登陆，对我国华东地区影响最大。转向路径的台风，到达我国东部海面或在我国东部沿海登陆后，又向东北方向移去，路径呈抛物线状，对我国东部沿海地区及日本影响最大。

在各个季节，台风的移动路径有一定的趋势：6月以前和9月以后的台风，主要走西移和海上转向路径；7—8月的台风多在我国大陆登陆。在我国大陆登陆的台风，以温州和汕头为最多，约占50%，其次是汕头以南，约占35%，在温州以北登陆的最少，只有15%。

值得指出的是，台风不仅是我国南方的一种猛烈的灾害性天气，而且也是影响我国北方夏季降水的重要天气系统。当台风在华东沿海登陆并北上时，或者是在华北沿海直接登陆时，可造成特大暴雨。即使台风中心没有到达华北，而台风北侧的倒槽与北部的西风槽相配合，常使山东、河南、河北一带出现大范围的大雨或暴雨。如 2005 年在 9 号台风"麦莎"的影响下，山东省的青岛、烟台、威海、潍坊、日照、东营普降暴雨或大暴雨，该省东部地区的最大风力达到了阵风 11 级。

目前，我国对台风的发生、发展以及活动情况，已经能准确地做出预报，这样就能使我们在台风登陆前及时做好预防工作，以减轻或避免台风带来的损失。

台风的结构带来降水等天气

台风是一个强大的暖性低压系统，其中心气压常在 970 百帕左右。其水平范围以最外围近圆形的等压线为准，直径一般为 600～1000 千米，最大的可达 2000 千米，最小的仅 100 千米。台风区内等压线近似同心圆。愈近台风中心，等压线愈密集，水平气压梯度愈大，风速也愈大。

台风范围内，按其各部位出现的天气现象的不同，可以分为以下三个区域。

（1）外围大风区。由台风的边缘向内一直到最大风速区的外缘是外围大风区。该区域内多为卷云、卷层云，日、月出现晕环，黄昏时彩霞呈黄橙色或紫铜色；向内出现积状的中、低云，且云层逐渐增厚，偶尔也有积雨云。

（2）狂风暴雨区。它是围绕台风眼的最大风速区和最大降雨量区。该区域内，有强烈辐合上升气流，形成螺旋状对流云的云墙，其平均宽度为10～20千米，高达十几千米。云墙下面经常产生狂风暴雨。云墙外缘，还有塔状的层积云和浓积云以及云体被风吹散的"飞云"，沿海渔民称之为"猪头云"。

（3）台风眼。台风眼是指台风中心，台风眼区气流下沉，通常是静稳无风的晴朗天气。其范围很小，一般直径不超过10～60千米。

台风"作恶多端"

台风灾害是最严重的自然灾害，其发生的频率远高于地震灾害，因此，台风累积的损失也远远高于地震灾害。1991年4月，在孟加拉国登陆的台风使13.9万人丧生。我国是世界上受台风危害严重的国家之一，近年来，因为台风而造成的损失每年都在100亿元人民币以上，甚至有些灾害猛烈的台风，一次造成的损失就超过100亿元人民币，如9417和9615号台风。

台风主要有以下危害：

（1）暴雨。摧毁农作物，使低洼地区受淹。

（2）暴风。摧毁房屋建筑、中断电力通信、毁坏农田作物等。

（3）盐风。含有大量盐分的海风，导致农作物枯死、电路漏电等。

（4）焚风。常出现在山脉背风坡，高温低湿，使农作物枯萎。

（5）洪水。河水高涨冲决河堤，淹没道路，毁损农田、房屋建筑等。

（6）巨浪。浪高可达20米，使船只颠覆沉没，摧毁海堤码头。

（7）暴潮。暴风使海面倾斜，同时低气压使海面升高，于是出现海水倒灌现象，淹没沿岸陆地。

（8）地质灾害。风、雨、洪水引发山洪、滑坡、泥石流等。

(9) 疫病。水灾后常因水源污染引发消化道传染病。

2005年台风"麦莎"来临时，波及江苏8个省辖市的75个县（市、区），全省受灾人口543万，受灾人数达233万，因灾紧急转移安置18.8万多人；房屋倒塌9351间，其中倒塌民房3165间，损坏房屋23 743间；农作物受灾面积39万公顷，成灾面积22万公顷，绝收面积8462公顷，灾害造成的直接经济损失达12亿元。

台风灾害详解

由台风造成的主要灾害

台风灾害是我国夏季经常发生的一种气象灾害，也是世界上最严重的自然灾害之一，在世界十大自然灾害中排名第一。十大自然灾害是：热带气旋、地震、洪水、龙卷风与雷暴、暴雪、火山爆发、热浪、雪崩、泥石流、潮汐波。台风具有很强的破坏力，狂风会掀翻船只、摧毁房屋及其他设施，巨浪能冲破海堤，暴雨能引起山洪暴发。台风带来的灾害主要有强风灾、大暴雨、风暴潮等。

1. 强风灾

台风中心由于气压很低，气压梯度非常大，因而能造成很强的大风。台风中心附近的风速常达 40～60 米/秒，有的可达 100 米/秒，大风足以损坏以至摧毁陆地上的建筑、桥梁、车辆等。特别是在建筑物没有被加固的地区，造成的破坏更大。大风亦可把杂物吹到半空，使户外环境变得非常危险；海上巨浪滔天，航行的船只如不及时躲避，很难逃脱灭顶之灾。

明成化 21 年（1485 年），福州遇台风大风影响，"拔木发屋，公署民庐尽坏，官舰私船漂及无算，死者千余人"。

1954 年 9 月，在菲律宾吕宋岛东方的海面，向西北行进的"玛瑞"号台风突然转了一个大弯，直冲日本而去。停泊在日本函馆港的一艘 4337 吨的"洞斧丸"渡轮，被强风吹到港外距七重滨海滩约 300 米处触礁沉没，船上 1254 名旅

客遇难；港内另有4艘货轮也相继沉没，186人死亡，造成世界航海史上第二大灾难。加上北海道的损失，这次台风中共有1761人死亡或失踪，房屋全毁和半毁达3万栋以上。

1973年第14号台风，9月14日凌晨登陆海南岛琼海时，强风摧毁了所有测风仪器，以致没有取得实测的风速记录。当时刮走的瓦片嵌入椰子树杆内有6~7厘米深，直径90厘米的钢筋水泥柱子被"削"成两段，狂风的巨大压力使房屋的门无法推开，凡在屋内的人很少幸免于难。

1988年第7号台风在西太平洋生成后，迅速向偏北方向移动，直扑我国东南沿海。此台风于8月7日15时在浙江象山登陆，登陆时最大风速达126千米/小时。8月8日，登陆后的台风袭击了杭州市，使素有"人间天堂"之称的杭州市遭到新中国成立以来最严重的浩劫。数以万计的树木被刮倒，电信、输电线路全部被破坏，全市停水停电时间长达5天。铁路、公路和市内公共交通完全中断，机场航班全部停航，整个城市几乎陷入瘫痪。

除了自身的强大风力外，台风引起的龙卷风也会造成巨大的损失。1989年第23号台风在浙江温岭登陆，其右前方对流带中频发龙卷，袭击了江苏11个

45

县。在美国,约有半数以上的飓风登陆后可能诱发龙卷风。

2. 大暴雨

由强对流发展释放的潜热,是台风发展和维持的重要条件,因此,强烈的对流性、阵性降水是台风过程中必然出现的现象。1909年11月,中美洲牙买加一次飓风过境,4天总降水量达2451.1毫米。1952年3月15—16日,南印度洋的一个台风,在留尼汪岛上1天的降雨高达1869.9毫米。袭击我国的台风暴雨,以1967年10月17日在台湾省新寮日降雨量最大为1672毫米,其次是1963年9月11日在台湾省北部山区百新的日降雨量为1247毫米。台风能引起如此大的降水,可称得上是空中水库,它登陆后所产生的暴雨能引起山洪暴发或使大型水库崩塌,形成巨大洪涝灾害,从而造成惨重的人员伤亡和财产损失。

1934年7月19日,一个台风登陆台湾省,高雄地区半天骤降暴雨1137毫米,比雨量充足的苏南地区一年的降水量还要多,使良田尽成湖荡,街道可以行船。

1996年8月8日,一个很弱的热带风暴致使福建龙岩地区遭受特大暴雨洪灾,死亡和失踪共526人,直接经济损失近30亿元。

2004年第7号台风"蒲公英"带来的持续暴雨,致使台湾省中南部地区多处发生泥石流和山洪,造成21人死亡、9人失踪,农业灾害总损失超过23亿元台币。洪灾造成中南部地区21万户居民停电,公路塌方94处,铁路部分路段因路基受损停驶一周。大甲溪的洪灾重创6座电厂,其中青山电厂惨遭淹没,德基电厂进水。此次台风给台湾造成的经济损失超过百亿元台币。

3. 风暴潮

风暴潮也称气象海啸或风暴海啸。由于台风和伴随的大风或强低气压引起气压剧变,从而导致海面出现异常显著的升降现象。由于台风中心气压极低,对海水的吸吮作用使海面升高,当台风中心气压低于正常气压 100 百帕时,海面就会上升 1 米。台风中心引起海洋上汹涌的波浪有时纵深达 200 千米,但在海上的船舶几乎是感觉不到的。巨浪以 50 千米/小时以上的速度快速向前推进。此外,风暴潮还有一个可怕的特点:接近海岸时,由于海底摩擦作用,波速变慢,波浪变陡,波高不断增大。有时,滔天恶浪竟在岸边涌成一道高达 40 米的水墙。一般说来,波浪的高度只有 6~10 米,但这也足以使海浪所到之处的一切荡然无存。

较大的风暴潮,特别是风暴潮与天文潮高潮叠加时,会引起沿海水位暴涨,海水倒灌,狂涛恶浪,泛滥成灾。台风移近陆地或登陆时,由于其中心气压很低及强风可使沿岸海水暴涨,形成风暴潮,常会掀起狂涛猛浪,浪高可达 10 米以上,致使海浪冲破海堤、海水倒灌,造成生命财产的巨大损失。

我国历史上因台风风暴潮灾害造成的生命财产损失触目惊心,最严重的当属上海地区 1696 年发生的一次特大风暴潮。《松郡志》记载:"康熙三十五年六月初一日,大风暴雨如注,时方状亢旱,顷刻沟渠皆溢,欢呼载道。二更余,呼海啸,飓风皆大作,潮挟风威,声势汹涌,冲入沿海一带地方几数百里。宝山纵亘六里,横亘十八里,水面高于城丈许,嘉定、崇明及吴淞、川沙、拓林八、九团等处,漂没千丈,灶户一万八千户,淹死者共十万余人。黑夜惊涛猝至,成人不服相顾,奔窜无路,至天明水退,而积尸如山,惨不忍言。"

1949 年新中国成立后,我国几乎每年都会发生台风风暴潮,严重的潮灾平

均每2～3年一次。死亡人数最多的是1956年8月2日，发生在浙江省象山县的5612特大台风风暴潮灾，在强风暴潮的袭击下，沿海海塘溃决，海水涌入内陆，纵深10千米一片汪洋，淹没农田41万亩，冲毁房屋7万多间，死亡4629人。

随着沿海经济的迅速发展，台风风暴潮灾害造成的损失也日趋严重，由20世纪50年代的几亿元左右到80年代的平均每年几十亿元。而进入90年代以来，平均每年直接经济损失超过100亿元，台风引起的风暴潮已成为制约我国沿海经济可持续发展的一个比较重要的因素。

1980年7月22日，在我国广东省雷州半岛登陆的8007号（Joe）台风产生的南渡潮位站的风暴潮高度为5.94米。这次风暴潮造成414人死亡，12万间房屋毁损，约400千米海堤被冲垮，船只被打沉打散失踪的多达3000条，湛江港一艘外轮被抛到防护坝上，经济损失达4亿元。

1997年9月18日至9月21日，受第11号台风和天文大潮的共同作用，中国东部沿海发生了一次严重的风暴潮灾。潮灾先后波及福建、浙江、上海、江苏、山东、天津、河北、辽宁等省，受灾人口达2000多万人，死亡220人，毁坏海堤1170多千米，受灾农田193.3万公顷，成灾33.3万公顷，直接经济损失高达308亿元。

4. 间接破坏

台风除所带来的大风、暴雨、风暴潮能造成致命的威胁外，它所造成的间接破坏也不可小视。热带气旋过后所带来的积水，以及下水道所受到的破坏，可能会引起流行病；热带气旋可能破坏道路、输电设施等，阻碍救援工作的进行。

灾害特性

台风灾害具有明显的季节性、地域性、年际变化和随机性的特点。

1. 季节性

台风在海上的生成和活动具有明显的季节性。热带气旋的生成一般要满足高海温、低气压、较大的地转偏向力和较小的风速垂直切变等条件。夏季，低纬度洋面海温比较高，会蒸发出大量水汽，使低层空气变成高温高湿。此时，如果其他三个条件同时出现，就容易生成热带气旋，所以夏季是台风的多发季节。尤其是7—9月，登陆我国的台风数量占全年登陆总数的76%，所以7—9月份被称为台风季节。

2. 地域性

台风侵袭具有明显的地域性。我国东南部南北海岸线长达数千千米，每年都遭台风侵袭，但南北省份受台风影响的差异很大，尽管都是沿海地区，南部地区的台风灾害要比北部地区严重得多。最严重的地区是广东，其次是海南，第三是台湾，第四是福建，这四省登陆的台风占全国受台风影响较重省市登陆台风总数的84%。

美国受飓风袭击的地域特征也非常明显。美国地处北美洲中部广阔的平原，形成在大西洋上的飓风可从中部平原一路北上，造成灾害。佛罗里达州位于大西洋上，是飓风侵入美国的必经之地，这里每年经历的飓风次数最多，遭受的损失也最为惨重。2004年8月至2005年9月的13个月中，佛罗里达共遭受了7次飓风的袭击，人员伤亡惨重，经济损失巨大，许多年积累的财富毁于一旦。

3. 年际变化

台风灾害具有年际变化的特点，有的年份台风灾害比较严重，有的年份灾

害程度要轻一些。据统计,西北太平洋上的台风,年平均为27.4次,但年际变化较大,如1964年为43次,1969年仅为18次。

太平洋上台风的多少,其中一个重要原因是与太平洋上发生的厄尔尼诺(El Nino)和拉尼娜(La Nina)有很大关系。

厄尔尼诺是西班牙语,原意为"圣婴",现指发生在太平洋东部、厄瓜多尔南部和秘鲁北部沿岸海面温度升高的现象。如果这些地方的海水温度偏低,则称为拉尼娜,原意是"仙女"。厄尔尼诺发生时,由于东太平洋海温较高,西太平洋海温较低,不利于西太平洋台风生成,所以西太平洋台风也就少,如1982年、1997年、2005年都是发生厄尔尼诺年,因此西太平洋上的台风比正常年份少;而发生拉尼娜时,由于东太平洋海温低,西太平洋海温较高,有利于西太平洋台风生成、发展,因此,西太平洋台风也就较多。如1967年、1970年都是拉尼娜年,西太平洋上的台风分别多达53次和48次,远远超过年平均数。

4. 随机性

同许多自然灾害一样，台风活动也是非常复杂的。台风的生成与发展，本质是热带地区暖空气强盛向极区爆发的一种形式。但在时间和空间上却有很大差异，西北太平洋是台风活动最频繁、次数最多的大洋，但是1995—2005年来，其活动次数显著减少，1998年只有21次台风（含热带风暴），是10多年来最少的一次。过去资料表明，在南北纬5°以内的赤道附近海域没有台风生成，而1970年的第14号台风，在北纬4.2°附近生成，打破了台风发生纬度的历史记录。

 台风防范与自救

台风也会立功

1970年11月12日,孟加拉国的吉大港遭受台风袭击,至少有30万人失去了生命。这是近代气象史上危害最大的一次台风灾害。台风过后,死伤者随处可见。平时热闹、忙碌、充满朝气的吉大港变成了令人恐惧的死港。风暴中遇难者的尸体,有的漂浮在水中,有的被压在倒塌的建筑物下;空气中弥漫着腐败的臭味,地上到处淌着鲜红的血水;城市中几乎看不到一个衣冠整洁的人,听到的是幸存者的呻吟和呼救声;只有老鼠在废墟中跑来跑去。财产损失同样触目惊心:台风袭来时,参天大树被连根拔起,路边的水泥电杆广告牌东倒西歪;由于台风中心气压极低,铁门紧闭的仓库因内外压力相差太大而发生爆炸;许多设施及建筑物在风暴冲击下顷刻之间被摧毁,整个城市几乎找不到一处完整无损的原物。美丽的吉大港变成了一片令人惨不忍睹的废墟。

盛夏季节,在热带海洋上常会出现一种中心附近风力在12级(风速>32.6米/秒)的强热带气旋。它是一团围绕着自己的中心做逆时针方向高速旋转、风力从外围向中心逐渐增大的空气团。这个大气涡旋与水中涡旋和地面上的旋风很相似,但在范围和强度上却要大得多。强大的热带气旋出现在西太平洋和南海上,称为台风;出现在大西洋和东太平洋的,称为飓风。

范围较小的台风，直径在 200～300 千米；特别强大的，直径在 1200～2000 千米。

台风的源地靠近赤道，那里一年到头十分炎热，海水温度很高。夏秋季节，在阳光强烈照射下，湿热的空气膨胀变轻，急速上升；达到一定高度时，水汽遇冷凝结形成云，水汽在凝结时释放出大量潜热。台风从温暖的海洋中取得热能，又把它释放入大气之中，使空气团继续升温并上升得更快，这样就形成一个低气压中心。这时，四周较冷的空气迅速流向这个低气压中心填补。在地球由西向东自转的作用下，很容易形成强烈的按逆时针方向旋转的空气旋涡。这时，如果遇到两股强大的气流相互撞击：一股是来自北半球赤道以北的东北信风；另一股是自南半球越过赤道而来的西南信风，这个涡旋在这两股气流的强烈冲击下转速会加快，中心气压越来越低，结果就形成了台风。一个直径为 800 千米的台风，可以在几个小时内把 25 亿吨水携来携去！它在一天里所释放出来的能量相当于 50 万颗原子弹的能量，若将这些能量转化为电能，可以给美国连续供电 3 年。不过，台风一旦登陆，能量来源就会逐渐减少，台风也将逐渐减弱而变成气旋。

关岛、菲律宾以东洋面和南海是影响我国台风的主要发生地。从辽东半岛至北部湾的广大沿海地区及岛屿，夏秋季节经常遭受台风袭击。据统计，平均每年有 10 次台风在我国沿海登陆。侵袭我国沿海地区的台风，以 7—9 月最多。

台风与一般气旋相比，最大区别是台风中心有一个"眼区"。这个"眼区"直径在 5～30 千米。台风形成到成熟，它的眼区逐渐增大。当台风眼区移来时，狂风暴雨骤然停止，风停云散，气温骤然升高，显现出蔚蓝色的晴空。它被四周强烈的上升气流造成的"云墙"所包围，厚度达 8～9 千米。台风眼过去后，"云墙"又移动过来，狂风暴雨再次降临。

千百年来，人类一直把台风看做是一种严重的灾害性天气。不过，没有台风也不行。没有台风，全球各地冷热差异会更大。赤道地区气候炎热，没有台风驱散这一地区的热量，热带会更热，寒带会变得更冷，温带地区会从地球上消失。每次台风来临时，雨水能把空气中和地面上的污物冲刷得一干二净，使

酷热的天气顿时变得凉爽宜人。

人类在进化过程中,始终都有台风伴随。1万年前,地球结束了第四纪冰川时期,进入较为温暖的气候期。在此前后,地球上开始出现早期的人类文化,如我国汉族文化、印度文化和墨西哥文化。科学家发现,这3个主要文化发祥地附近海面上出现的台风,占全球台风总数的73%,这绝不是一种巧合。事实上,正是台风给这些地区带来丰富的降水,才使这些地区气候适宜、土地肥沃、水草丰盛,为物种和人类的进化提供了优越的自然条件。

万物生长靠太阳。其实,太阳的能量只有极小部分被陆地吸收,大部分被占地球表面70%的海洋所吸收和贮藏。海洋成为全球大气运动的热量和水汽的主要来源地。每年从地球大洋表面蒸发的水汽有455万亿吨,其中90%的水汽又以雨水的形式直接返回海洋中,只有10%的水汽随气流进入大陆。所形成的降水,远远不能满足人类生产生活的需要,而台风则年复一年地把几十亿吨的淡水送到大陆上。每逢旱季来临时,许多干旱地区总是祈盼台风带来大雨。正是台风携来的暴雨,使长江下游、珠江三角洲、恒河平原、尼罗河平原等地区成为"地球的粮仓"。

台风给日本、印度、东南亚、美国东南部带来的降水,占这些地区年降水总量的25%以上,对这些地区水稻生长、水利灌溉和水力发电都是至关重要的。如果没有台风,许多江河、湖泊、水库都会干涸,那里将成为干旱地区,全世界的水荒也会变得更加严重。

综上所述,尽管台风使人类蒙受了巨大的损失,但它所带来的利益同样不可忽视。台风对人类的贡献主要有以下几个方面。

(1) 提供大量淡水资源:台风是重要的淡水资源。随着全球人口激增和工农业发展,对淡水的需求量日益扩大,加上陆地上有限的淡水资源分布不均匀,世界性水荒已日趋严重。而台风却为人类带来了丰沛的淡水。台风给中国沿海、日本海沿岸、印度、东南亚和美国东南部带来大量的雨水，约占这些地区总降水量的1/4以上，对改善这些地区的淡水供应和生态环境都有十分重要的意义。在热带许多干旱地区，每年有很大部分的降雨也是来自台风。穿过西澳大利亚海岸的台风中，90%都对畜牧业有益。1984年两个飓风袭击墨西哥湾，对沿岸几个地区产生了巨大的破坏。然而，充沛的降水蓄满了水库，拯救了庄稼，飓风带来的农业经济收益大于沿海地区遭受的损失。

（2）保持热平衡：台风最大时速达200千米左右，其能量相当于400枚2000吨级的氢弹爆炸时所放出的能量，地球全凭着这个能量保持热平衡。靠近赤道的热带、亚热带地区受日照时间最长，干热难忍，如果没有台风来驱散这些地区的热量，那里将会更热，地表沙荒将更加严重。同时寒带将会更冷，温带将会消失。我国将没有昆明这样的春城，也没有四季常青的广州，"北大仓"、内蒙古草原亦将不复存在。

（3）形成具有活性的短链水分子：能量巨大的台风在形成及运行时，借助闪电等作用，可以击碎水分子长链，形成具有活性的短链水分子。而地球上的生物在吸入这些短链水分子后，可增添生命的活力，从而使地球生态持久发展下去。

（4）另外，台风能增加捕鱼产量。每当台风吹袭时翻江倒海，将江、海底部的营养物质卷上来，鱼饵增多，吸引鱼群在水面附近聚集，渔业产量自然提高。

（5）台风还可以发电。这里所指发电当然不是指利用台风的风力发电，因

为台风风力过大，所谓的台风发电实际上是用台风带来的雨水发电。1995年夏，广东省水利厅利用准确的天气预报，下令在第5号台风来临之前，全省大中水库泄洪发电，再让台风雨把水库灌满。结果这个台风使广东多发电800万度（千瓦·时），台风雨已成了当地盛夏重要的水利、水电资源。

台风也给我国带来了巨大的经济利益，东南沿海地区伏旱季节，台风登陆带来的强降水会缓解旱情。最典型的就是广东省雷州半岛地区。雷州半岛虽然被茫茫南海三面环绕，但偏偏奇缺可用性的淡水资源；而雷州半岛的水资源分布呈现的特点是，靠每年夏半年（在北半球一般为4—9月）台风带来大量降雨养全年，因此雷州半岛苦旱是广东治水历史上一大棘手难题。"靠台风雨养全年命"的雷州半岛如果哪年没有台风光顾，当年延续至次年干旱就泛滥成灾。2004年雷州半岛乃至整个南粤大地都没有台风关照，结果广东大旱，雷州半岛更是苦旱。2005年6月上旬广东省防汛防旱防风指挥部办公室统计的数字显示，湛江市自2002年以来降雨连年偏少近3成，特别是自2004年9月中旬之后，持续8个多月，降水量偏少达5成，遭受了50年一遇的严重旱灾。2005年以来，湛江南部降雨量比常年同期减少了75%，从2004年9月下旬至2005年6月上旬连续241天没有下过"透雨"，加上持续高温天气，蒸发量大，使旱情进一步加剧。6月中旬全省大范围遭遇百年一遇特大洪涝,唯独雷州半岛降雨微少,整个湛江市江河湖库蓄水极其有限。随着夏收夏种农时活动开始,新一轮水资源短缺矛盾将会更加尖锐地暴露,所以在雷州干涸的土地上的人民渴望台风带来甘霖的心情可想而知。2005年18号台风"达维"在海南省登陆,给当地造成了巨大的损失,但受其外围降水云系影响,雷州半岛普降大雨,可以称得上是一场"及时雨"。因此有人认为,台风登陆是"局部受灾,大面积受益";也有人说,"台风来了怕台风,台风不来盼台风"。

台风防范与自救

飓风也极具摧毁力

1974年圣诞节，当气旋"特拉西"离开澳大利亚达尔文时，已经摧毁了8000多户房屋，整个城市几乎陷入瘫痪状态。

1992年8月下旬，飓风"安德鲁"在袭击了巴哈马群岛后，又袭击了美国佛罗里达州南部和路易斯安那州。风速达到每小时164英里（264千米），摧毁了佛罗里达州大约6.3万座房屋，佛罗里达城遭受惨重破坏。飓风同时也造成路易斯安那州4.4万人无家可归。从保险赔偿金来看，飓风"安德鲁"是美国历史上代价最惨重的一次飓风，在佛罗里达州和路易斯安那州造成的经济损失估计为250亿美元。

几天之后，在东半球，热带风暴"波莉"在中国海形成，然后向西行进到中国沿海，造成165人死亡，500万人无家可归。

1998年发生在中美洲的飓风"米切"造成巨大破坏。1999年8月发生在菲律宾的台风"奥尔加"造成8万人无家可归。同年9月发生在美国北卡罗来纳州的飓风"弗洛伊德"引发了洪水，冲毁了3万座房屋。更严重的是，2000年1—3月，首先是气旋"埃莱恩"、然后是热带风暴"格洛里亚"袭击了非洲的马达加斯加，造成50万人无家可归。同年9月，发生在中国的台风"玛丽亚"造成17.5亿美元的经济损失。2001年6月发生在美国休斯敦的热带风暴"阿力森"造成50亿美元的损失。

飓风破坏了人类生活和生活设施

当热带风暴和热带气旋越过陆地时，不论在哪都会对人类生活和生活设施造成巨大破坏。飓风"安德鲁"摧毁了路易斯安那州至少一半的甘蔗作物，农民们赖以生存的农作物就这样毁于一旦。可以说飓风"安德鲁"摧毁了农民的生活。

与北美洲、欧洲或澳大利亚不同，在非工业国家中，相当多的人口从事农作物劳动，他们的农作物一旦被摧毁就无法弥补。1989年发生在越南中部的台风"塞西尔"摧毁了3.6万座房屋和大量农作物。房屋可以重建，农作物时令过后就不能再种，并且越南也承受不了大量进口粮食所造成的经济负担。同年9月，飓风"雨果"袭击了加勒比海岛屿和美国东部，摧毁了大量的玉米和大豆。

与大多数的热带气旋一样，飓风"雨果"也摧毁了许多树木，连根拔起及折断的树木遍布果园及森林。波多黎各加勒比海国家森林受损惨重；美国南卡罗来纳州的弗兰西斯马里恩国家森林损失了2/3的树木和3/4的林中红冠啄木鸟；在南卡罗来纳州的查尔斯顿，几乎所有的树木都被摧毁；在北卡罗来纳州的夏洛特城街道两侧和公园里的2万棵树也全部被摧毁。1987年10月袭击英格兰南部的风暴，风速达每小时80英里（129多千米），摧毁了1900万棵树，其中有许多稀有植物，其标本仍然保存在伦敦附近克佑地区的皇家植物园里。

公路两侧和公园里的林荫道是供人们休闲、散步和娱乐的场所，如果这些树木都被摧毁，那么人们内心的痛楚会更加巨大。即使树木可以重新种植，但是参天大树非一日之内可以长成。常言道："十年树木、百年树人"。人们回味遮天蔽日的参天大树带来夏日清凉的同时，又不得不面对这横七竖八倒卧着的枝干。飓风造成的破坏不会在短时间内得到修复。但对野外生物的长期影响不是很严重。

热带气旋和风暴是自然现象，在历史上会间歇地发生，热带森林在多次气旋和风暴中幸存下来。大风吹倒了树木，但是在自然森林中这一损失会很快弥补。在热带雨林，大风吹倒的树木会长出新芽，重新恢复生机。几乎没有什么雨林可以不遭受任何飓风和火灾而耸立200年。令人奇怪的是，雨林中树冠突出于周围树木的最高树木比小树更能抵挡得住飓风的袭击。

飓风和全球气候变化

和相关气象有联系的飓风

自1995年以来有一些强飓风，气象学家认为飓风的低发期已结束，预测21世纪前10年会有更多的飓风。飓风频率似乎遵循4个天气周期。每年穿越陆地的飓风数量取决于每个周期的位置。当4种周期同时达到最高点时，会发生更多的飓风，也会有更多的飓风登陆。1995年的飓风就是这样。4个周期综合在一起，飓风的频率和强度在20年的周期中会有增有减。

没有人知道是什么造成的周期，但是也许与北大西洋和太平洋表面水循环的周期性变化有关。最为人所知的变化是"厄尔尼诺"现象（也叫"圣婴"，因为"厄尔尼诺"现象常在圣诞节前后出现）。事实上，"厄尔尼诺"现象只是包括与其相反的"拉尼娜"现象在内的较长周期的一部分。"厄尔尼诺"现象和"拉尼娜"现象都与叫做"南部波动"的热带气压分布变化有关，所以整个周期叫做"厄尔尼诺—南方涛动"（ENSO）。气象学家已经对过去112年在"厄尔尼诺"现象和"拉尼娜"现象年中出现的飓风数量进行了比较，他们发现在这一期间平均每年有3.23次飓风袭击美国沿海，然而事实上，在"厄尔尼诺"现象年，平均数降到了2.47次。对1925—1997年进行的另一项研究发现，在"厄尔尼诺"现象年出现的飓风破坏程度大约是"拉尼娜"现象年的一半，同时发现"厄尔尼诺"现象年飓风的平均风速每小时大约低于13英里(22千米)。

其他三种周期是类似两年一次的涛动（QBO）、北大西洋涛动（NAO）和撒哈拉沙漠南部边界的萨赫勒地区降雨的周期性增减。涛动（QBO）是热带平流层中从东面和西面吹来的风的变化，这种变化周期为26~30个月。NAO也叫北冰洋涛动，几十年发生一次，这是以冰岛为中心的永久低压区和以亚速尔群岛为中心的高压区之间的气压差变化。

飓风频率有可能在增长，回复到20世纪40年代和50年代的水平。40年代飓风一年平均为8.3次，50年代平均为10.5次。气象学家认为飓风频率的增长只是自然界的周期，与全球变暖无关。

全球气候升温

多数气象学家认为一定的气体释放到大气中也许会影响全球气候，一些气象学家声称他们已经发现了全球变暖迹象。在过去100~130年，气温平均增长0.3~0.6℃。据记载，20世纪初期气温有增长趋势，1940—1980年期间气温略有下降，20世纪80年代和90年代天气最热。1979—2002年全球气温平均增长0.355°F（0.197℃），气温增长多数是由于1998年极强的"厄尔尼诺"现象。如果世界真的变暖，就可能发生更多的热带气旋，后果也许更严重。

到目前为止，气温变化不大。平均气温的变化每年都不同，即使在20世纪80年代和90年代也保持在自然变化范围内。如果全球气候像预测的那样变化的话，也就是发生这种小变化。究竟全球变暖是否是由于温室效应影响，还得在今后10年、20年继续对气温变化进行观测。

全球变暖的程度很小，并且分布的范围不均。在冬天，北美西北部和西伯利亚东北部气温变暖特别突出，尽管南极半岛已显著变暖，但是南极洲中心几十年来一直在变冷。

辐 射

多数太阳辐射是短波辐射,集中在可见光波段。太阳辐射几乎完全可以穿透大气,但是一些太阳辐射却从云顶和像雪、沙漠这样的浅色地表反射回太空。然而,多数太阳辐射被吸收,因而温暖了陆地和海洋。

当天体(像地球)比周围(像太空)气温高时,温暖的天体会以与温度成反比例的波长放射热量。换句话说,天体越暖,它放射的辐射波长就越短,这就是(热)太阳以短波辐射最猛烈、(冷)地球以长波辐射最猛烈的原因。地球表面向上放射一些热量,接触地表的空气变暖,通过对流上升。当上升空气变冷时,也会把热量放射到太空。来自地球和大气的热量辐射是在长(红外辐射)波长上。

在白天太阳温暖了地面,地面又放射其热量,地球放射热量的速度比吸收热量的速度慢,所以在白天地面变暖,在正午达到最高点。在晚上,太阳不再照射地面,所以地面吸收不到热量,然而地面却在继续放射热量,所以在晚上地面渐渐地变冷,在黎明前达到最低点,太阳再次升起,地表再次变暖。

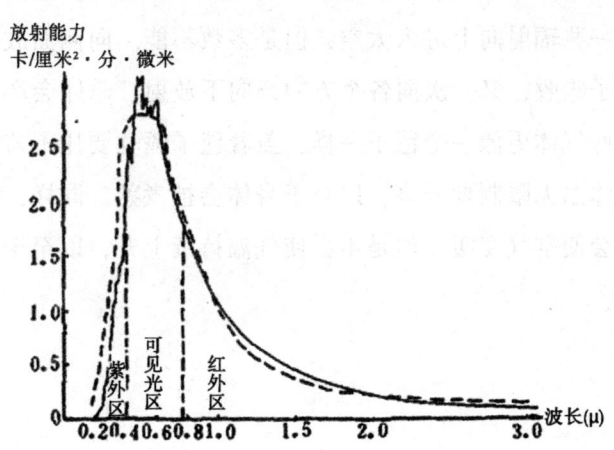

温室效应

在温室里，太阳辐射透过玻璃进入温室，辐射使温室变暖，玻璃又阻止暖空气逃出温室，因此温室里气温逐渐变暖。这就是温室效应这一名称的由来。温室效应这一名称不十分贴切，因为尽管结束相似，但是产生的原因不同。温室捕捉不住辐射，但是一定的大气气体却能。

大气主要由氮（大约78%）和氧（大约21%）组成，各种波长的辐射可以穿透这些气体，但是空气也包含辐射穿不透的其他少量气体，这些气体的分子比氮分子和氧分子大，它们依靠各自的大小吸收特定红外波长辐射。水蒸气在这些气体中最重要，其他的包括二氧化碳、沼气、含氯氟烃（由于对臭氧层的影响，现在正在停止生产和使用这种混合气体）、臭氧、氧化亚氮和四氧化碳（一种正式用于干洗的溶剂，现在正在停止使用），这些都是温室气体。

每种气体在总体红外辐射吸收所占的份额可用全球变暖潜能来计算（厘米P），二氧化碳的全球变暖潜能值为1，沼气为11，氧化亚氮为270，含氯氟烃和相关的混合气体为1200~7100不等。

这些气体的分子以一定的波长吸收长波辐射，变暖后，它们开始向各个方向放射热量。一些辐射向上进入太空，但是多数不能。向侧面放射辐射，被其他温室气体分子吸收，又一次向各个方向或向下放射。总体会产生大气低部变暖的效果。这些气体更像一个毯子一样，盖着毯子睡觉要比不盖毯子暖和，但是不会使你的体温无限制地升高，以至于身体会被煮熟。同样，有温室气体比没有温室气体会使空气变暖，但是不会使气温持续上升，以至于海洋沸腾、岩石熔化。

渐渐增强的温室效应

有人认为温室效应对人类造成了威胁，但是没有了温室效应，地球上的生活会难以继续下去。如果空气中不含有自然存在的温室气体，地表的平均气温将会是-4°F（-20℃）。在这样温度里，植物不会生长，多数海洋将被冰覆盖。

由于我们把温室气体放入空气，所以现在的空气比过去含有更多的温室气体，温室气体的密度在增加。如果这种现象继续下去，更多的长波辐射被捕捉到大气中，造成平均气温升高。气象学家称之为增强的温室效应，目的是把它与自然的温室效应相区别。正是这种增强的温室效应导致了全球变暖，但是情况并不这么简单。

二氧化碳是地球放射的最重要的温室气体，并不是因为它比别的气体更容易吸收，而是因为我们大量地释放二氧化碳。当我们燃烧含碳的东西时，就会产生二氧化碳，因为燃烧会使碳氧化为二氧化碳（$C+O_2 \rightarrow CO_2$），这是以热的形式释放能量的化学反应。所有的植物，还有泥炭、煤、天然气和石油都含有碳。然而，在通过燃烧所释放的二氧化碳中，只有大约一半的量积聚在大气中。科学家们也不知道剩余的二氧化碳去向哪里。一些二氧化碳溶解于海洋，一些在光合作用中被植物吸收，但是大量的二氧化碳，大约每年20亿吨，解释不出用于何处。

关于海洋变暖仍然有很多需要了解。洋流从低纬度到高纬度输送热量，所以对气候有重要影响，但是关于全球海洋表面气温上升的详细结果还不大确定。科学家也推测不出云是怎样及在哪形成的。一些云反射太阳辐射，另一些吸收向外放射的红外辐射，所以了解天气变暖会如何影响云的形成是非常重要的。

如果气温上升，更多的水将从地面蒸发，所以云会增加，有更多的雨雪。这会造成几种后果，例如，极地冰盖也许会增厚，因为会降更多的雪，这样海平面会保持现有的状况，或者甚至下降，而不会冰盖溶化、海平面升高。在高纬度会降更多的雨雪，导致流入海洋的淡水量增多。再加上海洋上降下的雨雪，导致海洋表层水密度降低，因为淡水比盐的密度小。如果这种现象在北大西洋发生的话，这也许会解释大西洋洋流系统中北大西洋暖流停止从墨西哥湾暖流中分流出去。如果这样的话，也许会减弱欧洲西北部变暖速度，甚至造成气温下降。

据观测，目前的气温变暖没有像20世纪90年代前后估计得那么严重，这很可能是二氧化硫（SO_2）造成的结果。二氧化硫吸收大气中的水蒸气，溶解后形成亚硫酸（H_2SO_3），然后形成亚硫酸滴（H_2SO_3）。亚硫酸滴反射照向地球的太阳辐射，在潮湿的空气中，更多的水蒸气在亚硫酸滴上冷却，所以它们有助于云的形成。二氧化硫通过反射照向地球的太阳辐射和促进云的形成，起到了冷却的作用。火山和几种生物过程释放二氧化硫，当燃烧含有硫的燃料时，例如一定量的煤和石油，也会释放二氧化硫。北半球比南半球工业多，所以北半球变暖得慢，但是差异不大。这也解释了北半球晚上最低温度较以前已上升，但是白天最高温度没有上升的原因。在白天，亚硫酸滴和云通过反射照向地球的太阳辐射，使地表变冷，云也反射从地表向外放射的热量。在晚上，由于没有照向地球的太阳辐射造成地面变冷，因此热量散失的速度降低。这种综合的效果使白天变冷、夜晚变暖。大气中的二氧化硫也会改变急流的路径，导致北大西洋和北太平洋出现较寒冷的风。

许多气象学家认为到2100年，由于温室气体的成倍集聚，全球平均气温将增长1.4~5.8℃。在1990—2100年期间，海平面将上升4.3~30英寸（0.11~0.77米）。这是官方公布的预测，但是一些气象学家不赞同，他们认为全球气温很可能增长1.5℃以上。

定论尚早

研究全球气候困难重重，现在，世界各地对气压、气温、湿度、云等都在进行观测，以便获得解释天气状况的信息。在一段时间内温度也许会有变化，甚至在一天同一时间温度也不总是一致。也许气象站观测地点的高度不同、也许城市扩大到农村地区。考虑到这些困难，很难说出气候是变暖了还是变冷了。

最近，地面气象站用气球携带的仪器对上空的大气进行了测量，测量结果表明天气几乎或根本没有变暖。一些卫星观测准确度可达到1%摄氏度，测量结果显示自从1979年以来地面气温略微有点变冷。如果两种测量都正确的话，表明天气变暖被限制到大气的最低点，即大约在5000英尺（1500米）以下，这一高度以上的大量大气（大约80%）是不易变暖的。

预测全球变暖对特定地区的影响程度更是难上加难。科学家使用世界上最强的超级计算机计算可能发生的事情，但是计算结果不会极其详细、准确，分毫不差。

要记住有些事至今尚无定论，但是科学家毫不怀疑温室效应的存在，认为面对全球变暖，我们要减少向空中排放温室气体量。1997年，在联合国支持下起草了京都草案，目的是要实现这一目标。但是即使这一目标实现了，到2100年平均气温也会下降0.15℃。当然，京都草案标志着一个良好的开端，现在还存在很多未确定的事，所以还需要继续研究、探索。

气候和飓风

如果全球变暖真的存在，那么海洋表面气温就会上升，温暖海洋面积就会扩展到赤道两侧高纬度地区。如果海洋比现在温暖，海洋就会蒸发更多的水汽，产生更多的雷雨云，这样热带气旋比现在更频繁、更猛烈。

事实上，这不可能发生。预测气温变暖主要发生在高纬度的大陆，因为大陆经常被非常干燥的空气包围，干燥的空气几乎不含水蒸气，所以与比较潮湿的空气相比，几乎不会经历自然的温室变暖。二氧化碳的增加会产生强烈的温室效应。当空气变暖时，更多的水会蒸发进入空气，水蒸气含量增加，更增加了温室变暖。

空气潮湿的热带变暖的可能不大，即使真的变暖，海洋表面增温也有一个限度。随着水温上升，水的蒸发也增加，但蒸发吸收来自海洋表面的潜热，这样就会使水变冷，因此限制了气温上升的程度。

自19世纪末期对气温变暖进行监测以来，热带气旋的频率没有增长。各年不同，一段时间风暴活动高，另一段时间风暴活动低，但总体来说没有增减。估计飓风在21世纪前几十年比20世纪70年代和80年代频繁，但是这是由于与全球变暖无关的气候周期造成的。

台风预防和监测

建立灾害预警机制

台风灾害必须严格重视

台风的灾害，主要表现在大风、风暴潮、暴雨、洪水、龙卷风和下击暴流等诸方面。当这些方面一起作用时，会带来极其严重的台风灾害，给人类的生命财产、生活和生产，以及国家经济发展带来严重损失。宋代陆游在《大风雨中作》描绘了发生在宋绍熙五年（1194年）八月二十三日台风过境的惨状：

风如拔山怒，雨如决河倾。
屋漏不可支，窗户俱有声。
乌鸢坠地死，鸡犬噤不鸣。
老病无避处，起坐徒叹惊。
三年稼如云，一旦败垂成。
夫岂或使之，忧乃及躬耕。
邻曲无人色，妇子泪纵横。
且抽架上书，洪范推五行。

台风的大风，风力等级超过12级，能够毁坏结构不坚固的建筑或可移动的房屋。当影响我国的台风从东而来时，最大风速在它的北边（极地方向），台风北边经过的地方破坏性最强。原因是推动台风运动的风在北边要加到台风的旋转风上，而在南边（赤道方向）要从旋转风中扣除。这一原则也可用于向其他方向移动的台风。

台风向东海岸移动时，有一个指向海岸的海水传输。当风吹过开阔水域时，水表面以下的部分也要运动。如果假设表层水分为若干层，在北半球，每层水向上层的右边运动，这种水随高度的运动称为埃克曼螺线，导致表面风右边的水的传输称为埃克曼传输。因此，台风西侧的北风导致了向海岸方向的埃克曼传输，海岸地区被海水迅速淹没。

台风的大风也引起巨浪，有时高达10～15米。这些浪从风暴向外移动，以涌浪的形式把风暴的能量传向远处的海滩。因此，台风到达数天前，就可以感到风暴的效应。

虽然台风的大风造成巨大灾害，但巨大的水波、狂浪和洪水会引起更大的破坏。洪水是由于风把水推到岸上，风暴的低压也助长了洪水。低压区使海洋表面上升形成高水位，一般气压下降1兆帕，海平面可上升约1厘米。这样在台风中，形成一个巨大的圆形风暴涌，通常有50～100千米宽，它横扫台风登陆的沿海海岸。风暴涌、大风和向海岸的埃克曼传输，产生风暴潮（由于剧烈的大气扰动，如强风和气压骤变导致海水异常升降，使受其影响的海区的潮位大大地超过平常潮位的现象），可使海平面上升数米，淹没低海拔地区和摧毁海边的建筑物。当它们伴随正常的高潮汐时，风暴潮则特别具有破坏性。

台风的暴雨也是台风带来的灾害之一。台风本身带有充沛的水汽,特别是在台风眼周围的眼壁区,更是有暴雨和特大暴雨。螺旋雨带,会带来台风外围的阵雨。此外,如果台风与周围的天气系统结合,如与西风带的高空槽、冷锋等相遇结合,会造成大范围的降雨。台风暴雨往往可使一些地区河水猛涨,山洪暴发,引起水库漫溢,甚至坍塌等,造成严重的洪水灾害。

台风中也会产生龙卷,眼壁周围的大雷暴也会产生下击暴流,这时在地面可以观测到细长条的严重灾害,加大了台风的危害性。这种细长条的灾害究竟是龙卷还是下击暴流引起,仍在讨论中。

建立预警机制

借助船舶报告、卫星、雷达、浮标和勘测飞机的帮助,台风的位置和强度都可获得,台风的运动路径能被仔细监测,甚至台风未来的变化也能预先确定。当西太平洋台风向我国移来,并预计在未来2~3天后对华东、华南沿海有阵风8级的影响时,气象部门要发布台风消息。当台风继续向我国沿海靠近,预计36小时内将对华东、华南沿海某地区有阵风8级的影响时,发布台风警报。台风在未来24小时前后对我国沿海有严重影响,风力在10级以上时,就要发布台风紧急警报。随台风警报时间的缩短,台风袭击某一地区的可能性加大。当地居民也保证有充足的时间,做好预防准备,有必要的话,最好撤出这一区域。

我国从2004年8月起,在台风来临前发布4种预警信号。

发布蓝色预警信号是指,24小时内可能受热带低压影响,平均风力可达6级以上或阵风7级以上;或者已经受热带低压影响,平均风力为6~7级或阵风7~8级并可能持续;此时电线呼啸有声,行人迎风行走感觉不便。

发布黄色预警信号是指,24小时内可能受热带风暴影响,平均风力可达8级以上或阵风9级以上;或者已经受热带风暴影响,平均风力为8~9级或阵风9~10级并可能持续。此时小树枝可能折断、房瓦掀起,行人行走阻力很大。

发布橙色预警信号是指，12小时内可能受强热带风暴影响，平均风力可达10级以上或阵风11级以上；或者已经受强热带风暴影响，平均风力为10～11级或阵风11～12级并可能持续。此时树木可被摧倒，出行危险性很大。

发布红色预警信号是指，6小时内可能受台风影响，平均风力可达12级以上；或者已经受台风影响，平均风力已达12级以上，并可能持续，大树可被摧倒。

随着新的台风预报模式的开发和对台风特性认识的增加，台风运动和强度的改进预报会成为可能。但是随着海滨地区人口密度的继续增加，台风导致的潜在的灾难性威胁在继续增加。即使凭借现代卫星观测技术，台风灾难仍可达到大的规模和程度。最典型的例子是2005年8月下旬登陆美国的"卡特里娜"飓风，造成美国南部的路易斯安那和密西西比州至少1300人死亡，逾千亿美元损失，是1928年以来影响美国最严重的飓风。

主动出击干预台风

人工影响台风，目的是利用人类制造的扰动，达到全面改造台风的目的。如用飞机在台风适当部位大量播撒碘化银等催化剂，使台风内部能量重新分布，以减弱台风的风速；在经常产生台风的洋面上铺上一层化学薄膜，以抑制海水蒸发，切断台风的能量供应，使台风不易生成、发展；利用卫星导引大气辐射，改变大气温度分布，减小台风内部的温度差异，也就减小了气压差，因而风速将会减弱。更大胆的想法是，用核爆炸改变台风路径。但这是一条不能尝试的途径，因为需要没有任何早期辐射和后期污染的核武器，还需要核爆炸有足够大的能量。

美国进行人工影响台风的第一个计划是"卷云计划"，并于1947年10月13日进行了第一次台风改造试验，用碘化银对台风进行催化。当时没有进行有效的试验记录，因此没有取得有用的结果。第二次试验是1960年制订的"狂飙风计划"，希望通过改变台风中心附近能量的分布规律，达到使台风风速减小的目的。此计划对几次台风进行碘化银播撒，通过催化降水使风暴减弱，但最终没有得到一致的结果。到1983年，此计划宣告失败，黯然结束，这也使美国的台风研究计划不被重视长达10年之久。整个计划失败的重要原因在于，在热带海域生成的台风系统没有太多过冷水滴，不满足播云的基本要求。

虽然削弱台风试验失败了，但研究人员获得了执行穿越台风任务的气象侦察飞机，称为"飓风猎人"。这种现在仍然在使用的飞机配备有常规探测仪器和多种先进仪器，如多普勒雷达、下投式测风探空仪等。观测证实了台风内没有太多过冷水滴，此外还发现有的台风具有内、外眼墙的双眼墙结构。

我国台湾地区于2002年8月开展了"追风计划"，研究人员借助侦查飞机飞行到台风周围上空，通过投掷GPS下投式测风探空仪获取台风环境大气资料。针对"追风计划"所得资料的评估结果显示，它可以将美国气象局、美国海军及日本气象厅全球预报模式24～72小时台风路径预报精度提高20%。

现阶段，世界上许多气象研究中心正在想方设法将台风观测资料输入复杂的数值模式中，把台风"搬"到实验室中进行研究，目标是获得准确的台风路径、台风强度和台风降雨的预报。遗憾的是，许多台风演变的突变过程和细致结构并没有被成功模拟出来，包括一些突变路径和已经发现的双眼墙结构。因而，要达到科学家提出的利用数值模式找到台风的软肋，并施加小的扰动影响（如播云和改变海面蒸发等），从而全面改造台风的目标，还有一段很长的路要走。目前，面对强大的台风，人们只能选择逃避。

怎样预防和监测台风

掌握台风来临前有哪些征兆

了解并掌握台风来临前的预兆，是减少或避免台风灾害的一种有效手段。那么，台风来临前都有哪些预兆呢？

1. 海鸣的出现

台风来临的前两三天，在沿海地区可以听到嗡嗡声，如远处飞机声响的海鸣。随着声响的不断增强，说明了台风正在逐步接近。凭借这个预兆，渔民可以事先采取相应的防台风措施，效果非常好。

2. 有巨大的涌浪出现在海面上

长浪又叫做涌浪。海面经常在台风尚在远处时就会产生人所能见的涌浪，从台风中心传播出来的这类特殊海浪，其浪顶是圆的，浪头并不高，一般高度只有一两米，浪头与浪头之间的距离比普通海浪的尖顶间距、短距离的海浪要长很多。长浪看上去会给人以浑圆之感，其行进节拍缓慢，声音沉重，以70～80千米/小时的速度传播。这种浪在逐渐靠近海岸时，会转变成滚滚的碎浪奔腾而来。长浪越来越猛是台风在靠近的预兆。

3. 有大群落在船上赶也赶不走的疲惫海鸟

当台风即将来临时，感受到台风气息的大群海鸟为了免受台风威胁，会纷纷从台风中心逃离开来，日夜兼程地朝着远离台风的陆地飞去。如果有渔船出海，这些疲惫不堪的海鸟群就会歇在船的甲板上，倘使有人对其进行驱逐，它们也不会离去，这是大台风将要来临的预兆。

4. 高云与骤雨的出现

在台风最外围是呈白色羽毛状或马尾状的卷云，如果我们看到某方向出现这种形状的云，并渐渐增厚，形成密度较高的卷层云，并伴有忽落忽停的骤雨，便可以此判断可能有台风正在渐渐接近。

5. 雷雨停止

在沿海地区的夏季，雷雨时常发生，若忽然雷雨停止，则预示可能有台风临近。

6. 能见度良好

在台风来临前的两三天，能见度会比平时高很多，远处景致皆能清晰可见。

7. 海、陆风不明显

一般情况下，沿海地区风的走向会很明显，白天风由海面吹向陆地，夜晚陆风吹向海洋，而在台风来临前，风的走向不再明显，故而推断可能有台风将近。

8. 风向转变

沿海夏季季风明显，若风向忽然大反常态，转变风向，则预示台风已经临近，因为风向已经受到台风边缘的影响，接着风力便会逐步加强。

9. 特殊晚霞

台风来临前的一两日的晚霞，常出现反暮光现象。即太阳隐于西方地平线下后，发出数条呈放射状的红蓝相间的美丽光芒，直至天穹，且环绕收敛于与太阳位置相对的东方处。

10. 气压降低

结合以上诸现象的发生，若再发现气压逐渐降低，则显示将进入台风边缘了。

不得不掌握的自保技巧

一般来说，掌握必要的避险技巧是防范意外灾害发生的有力保障。防范台风的避险措施如下。

1. 密切关注台风气象预报

气象台根据台风可能产生的影响，分别以3种预报形式，即"消息""警报"和"紧急警报"向社会发布。而按台风可能造成的影响程度，则分为四色台风预警信号向社会发布，从轻到重分别为蓝、黄、橙、红。

密切关注媒体有关台风的报道，及时采取预防措施，减少不必要的伤害。

2. 及时转移到安全地带

强风可以使建筑物倒塌、高空设施坠落，造成人员伤亡，居住在各类危旧住房的居民，出现台风预警时，要及时转移到安全地带，远离临时建筑（如围

台风预防和监测

台风防范与自救

墙等)、广告牌、铁塔等，防止高物坠落砸伤。

3. 做好应急的物资准备

从历年台风的防灾经验来看，台风期间，多准备些食物、饮用水及常用药品等很有必要。因为台风形成的危害最易造成断水、断电，如果居住在台风运动区间或低洼地带，很可能会造成一两天的围困，所以，食物和饮用水的准备一定要充足。虽然不知道其危害程度，但事前做好充分的预防应对很有必要。收音机也有很重要的作用。

4. 准备能够应急的照明工具

平时家里最好能准备一些可以应急的照明设备，如蜡烛、手电或蓄电的节能灯等，最好还要备有充足的干电池。这样就算遇上房屋进水或是停电等情况，照明也不会成为问题，倘若在夜晚出行，有了备用的照明设施，就不怕黑乎乎的道路上有什么被吹倒的东西横隔在前方了。

5. 固定或搬运摆在高处的物体

台风来袭时，大风会把阳台的花盆、楼顶的广告牌、折断的树枝刮起来，一不小心，地上的人或动物就会被砸伤。所以，在台风来临之前，大家应把自家阳台窗口的花盆、衣架等物清理好，并检查楼道的窗户是否有破损，如有必要在第一时间内将其修补完整，以免在大风中被摧毁而造成人员伤亡。

6. 关好门窗，加固易松动物品，减少外出

关好门窗，并检查是否坚固；及时搬移窗口、阳台处的花盆、悬吊物等，特别是要将楼顶的杂物搬进室内；室外易被吹动的东西要加固；检查电路、炉火、煤气等设施是否安全。台风期间，如果建筑物安全的话，最好不要出门，以防被砸、被压、发生触电等不测。

7. 为防进水，下水管道要保持疏通状态

积水给地势低洼的居民区带来的麻烦和危险还是能避则避。首先要做的就是赶在暴雨来临之前检查自家的排水管道是否畅通，如果条件允许，最好将其疏通一下。而住在一楼的住户则要特别小心，一些浸不得水的衣鞋、货物以及电器，要尽可能地移往高处，一旦房内进了水，也不会造成太大的损失。

海上航行避免台风指南

1. 我国海岸电台责任海区范围

为了能够及时地避开恶劣天气造成的影响，安全地完成航行任务，船舶在海上航行时，对于所航行海区的海洋和气象状况，要随时地予以掌握，然后按照有效的方式航行。

目前，世界各国的海上天气报告和警报都是以国际海事组织（IMO）和世界气象组织（WMO）所划定的海区范围为准，由指定的海岸无线电台广播。

我国设有海岸电台的有大连、上海、广州、香港、基隆、花莲和高雄等地，海上天气报告和警报每天都会定时发布。

其中，各地负责播报的内容如下：大连的海岸电台（XSZ），负责播发天气形势、大风警告和在未来24小时内海区的天气预报，其播发语言有中文和英文两种；上海的海岸电台（XSG），负责播发东亚天气形势摘要、大风警报、风暴警告和未来24小时内海区的天气预报，其播发语言有中文和英文两种；广州的海岸电台（XSQ），负责播发热带气旋警告、风暴警报和未来24小时内海区的天气预报，其播发语言有中文和英文两种；香港（VRX），则负责播发一般天气形势，包括西北太平洋地区热带气旋活动情况、风暴警告、未来24小时内海区的天气预报，其播发语言为英文。

各海岸电台的责任区海区范围是：大连的责任区海区范围为渤海海峡、渤海、黄海中部和黄海北部；上海的责任区海区范围为济州、长崎、鹿儿岛、渤海海峡、渤海、黄海南部、黄海中部、黄海北部、东海南部、东海北部、台湾海峡、台湾省北部、台湾省东部和琉球群岛；广州的责任区海区范围为东沙、西沙、中沙、南沙、广东东部、广东西部、台湾海峡、琼州海峡、北部湾、海南岛西部、曾母暗沙、巴士海峡、华列拉和头顿；香港的责任区海区范围为香港、广东、东沙、西

沙、南沙、琉球、岘港、黄岩岛、民都洛、华列拉、北部湾、台湾海峡、巴士海峡、巴林塘海峡、台湾省东部等；基隆、花莲和高雄的责任区海区范围为：台湾海峡、巴士海峡、东海海域和台湾省近海。

2. 危险半圆与可航半圆

按热带气旋的移动方向，可以把热带气旋分成左、右两个半圆。在南半球，左半圆被称作危险半圆，右半圆被称作可航半圆；而在北半球，情况则恰恰相反，左半圆被称作可航半圆，右半圆被称作危险半圆。同时，南半球左前象限和北半球的右前象限也都被称为危险象限。

如果在缺乏气象台发布的热带气旋中心位置和移动方向等信息的情况下，船舶误入热带气旋区，这时，可以利用本船现场观测的风向和风速变化情况，判断出船舶处于哪个半圆，然后，就可以根据实际状况采取相应的航行法。如果船舶位于可航半圆，应以右舷船尾受风脱离，保持受风角 30°～40°，如果船舶误入危险半圆，应使船首顶风全速逃离，保持风吹向右舷 10°～45°，直到离开危险区域为止。

自然灾害风险评估

自然灾害风险指在未来若干年内可能达到的灾害程度及其发生的可能性。为防范和减少灾害的发生，对灾害风险做充分的调查、分析与评估，了解特定地区、不同灾种的发生规律，掌握各种自然灾害的致灾因子对社会、经济、自然和环境所造成的影响以及影响的短期和长期变化方式，并在此基础上采取有效的防范措施，降低自然灾害风险，减少自然灾害造成的各种损失。自然灾害的风险评估包括很多方面，如灾情监测与识别、确定自然灾害分级和评定标准、灾害风险评价与对策、建立灾害信息系统和评估模式等。

1922 年，中国大地还处于一片混乱时期，8 月 2 日夜间，台风袭击了广东省汕头地区，引起特大风暴潮灾害，死亡 7 万余人，财产损失总额在千万元以上（千万元是 1922 年的币值）。据《潮州志》记载，台风使得山摇地动，潮汐骤至，暴雨倾盆，水深丈余，沿海地区许多乡村被卷入海浪……受灾严重，还有整个村庄所有人畜生命财产完全化为乌有……

2005 年 9 月 11 日在我国浙江省台州市遭遇 1956 年以来最强的台风"卡

努"。受其影响,浙江北部、上海、江苏南部、安徽东部也都出现了暴雨和大暴雨。浙江省的温州、台州、宁波、金华等市局部造成洪涝灾害,受灾人口达549.8万人,农作物受灾面积为225千公顷,房屋倒塌7468间,死亡14人,失踪9人。这与新中国成立前1922年登陆我国汕头地区的那次台风使7万多人丧生的悲惨景象形成鲜明对比。

台风发生后,从中央到地方各级相关部门以最快速度对防御第15号台风做出全面部署。

浙江、福建、上海等省市主要领导亲自动员部署,防汛指挥部紧急启动防台预案,紧急转移受灾地区群众135万人,是历次防范台风灾害中转移人数最多的。并且及时发出通知,宣布中小学和幼儿园停课一天,尽一切可能减少人员伤亡和财产损失。温州在乐清、永嘉、洞头等区发布红色预警信号。受台风"卡努"的影响,温州机场当天取消所有进出港航班,该市的船渡已全部停航。

台风还会引发狂风、暴雨、巨浪和风暴潮等一系列的自然灾害。

狂风在陆上可直接摧毁不够坚固的建筑物,在海上可以掀起5米以上的巨浪,强烈台风中心附近还可能达到10多米的高度,往来船只会被卷入海底。

暴雨能够引发洪涝、滑坡、泥石流、疫病等灾害。洪水淹没田地庄稼、房屋倒塌、造成人员伤亡,损毁电力通信,使交通枢纽瘫痪等。

风暴潮是由于台风的狂风和极低气压的作用，在台风移向陆地时，使海水向海岸方向强力堆积，潮位猛涨而形成的海洋灾害。强烈的风暴潮能掀起5~6米高的海浪，使海水水位上升。如果与天文大潮相遇，将产生高频率的潮位，会造成潮水漫溢，海堤溃决，以致淹没城镇和农田，冲毁房屋和各类建筑设施，造成巨大人员伤亡和财产损失。风暴潮还会造成海岸侵蚀，海水倒灌造成土地盐渍化等灾害。

台风预警和相关防护措施

台风的警报有何标准？根据编号热带气旋的强度和登陆时间、影响程度分为：消息、警报和紧急警报。

在预报责任区与编号热带气旋尚有一定的距离或者还没有受其影响时，可以根据需要发布"消息"，报道其进展情况；解除警报时也可用"消息"方式发布。

在未来的48小时之内，预计本责任区的沿海地区会受到编号热带气旋的影响，或者在其登临时发布警报。

在未来的24小时之内，预计本责任区的沿海地区会受其影响，或者在其登临时发布紧急警报。

为了减轻和防止突发灾害带来的不利影响，保障人民生命财产安全，稳固经济的建设、社会的发展并平衡自然环境，2004年8月24日，中国气象局正式公布了《突发气象灾害预警信号发布试行办法》，并在9月开始实行。灾害性天气预警信号被分为11类，分别为台风、暴雨、高温、寒潮、大雾、大风、冰雹、雪灾、沙尘暴、雷雨大风、道路结冰。其中，台风预警信号分为蓝色、黄色、橙色和红色四级。

《突发气象灾害预警信号发布试行办法》中的大多数项目的标准是全国统一的，但是，由于西部和青藏高原地区有着较为脆弱的生态条件，造成灾害的雨量不同于东部地区、干旱地区。由于相对湿度较小，高温给人类带来的影响

也不同于相对湿度大的地区，因此，可以根据实际情况对这些地区制定出不同于这个试行办法的标准。

根据《中华人民共和国气象法》规定，预警信号由县级以上气象主管机构所属的气象台在本责任区内统一发布。因此，以后有重大灾害性天气，如台风、寒潮等来临时，公众就可以迅速从电视、广播、互联网、手机短信和位于城市显著位置的电子显示牌得到预警信息。下面，我们就来了解一下关于台风的预警信号内容。

1. 台风蓝色预警信号

是指在未来24小时之内有受热带低压影响的可能，其风力平均可达6级以上或阵风7级以上；或者在这段时间内已经受到了热带低压的影响，风力平均为6~7级或阵风7~8级，并可能持续。在这个时候，行人迎风行走感觉不便，电线有呼啸之声。

此时段要做好防风准备。其相应的防御措施有：对于有关媒体报道的热带低压最新消息要留意，并对有关的防风通知做好充分的准备；固定好易被风吹动的搭建物，如门窗、围板、棚架、临时搭建物等；对于那些容易受热带低压影响的室外物品要妥善安置。

2. 台风黄色预警信号

是指在未来24小时之内有受热带风暴影响的可能，其风力平均可达8级以上或阵风9级以上；或者在这段时间内已经受到了热带风暴的影响，风力平均为8～9级或阵风9～10级，并可能持续。在这个时候，行人行走时，阻力会非常大，小树枝可能被折断、房瓦可能被掀起。

此时段进入防风状态。其相应的防御措施有：建议托儿所、幼儿园停止上课；停止露天集体活动，要迅速而有序地疏散人员；霓虹灯招牌及危险的室外电源应予以切断；船舶要迅速驶进安全的避风场所避风；通知水上或高空等户外作业人员停止作业；地处危险地带和危房中的居民，要关紧门窗，躲避到安全的地方；工作人员应尽快撤离危险地带。同时，也要相应地做好蓝色预警信号的防御措施。

3. 台风橙色预警信号

是指在未来12小时之内有受强热带风暴影响的可能，其风力平均可达10级以上或阵风11级以上；或者在这段时间内已经受到了强热带风暴的影响，风力平均为10～11级或阵风11～12级，并可能持续。在这个时候，树木可能被吹倒，出行会有很大的危险。

此时段进入紧急防风状态。其相应的防御措施有：建议中小学停止上课；不是迫不得已，居民不要随便出去，应该待在家中最安全的地方，特别是小孩和老人；将室内的大型集会停止下来，及时有序地疏散在场人员；相关的应急处置部门和抢险单位要密切地注视灾情的发生、发展情况，必要时，要加班加点，落实好相关的应对措施；为避免出现船只搁浅、走锚和碰撞的情况，对港口的设施要进行一定的加固。同时，也要相应地做好黄色预警信号的防御措施。

4. 台风红色预警信号

是指在未来 6 小时之内可能或者已经受台风影响，其风力平均可达 12 级以上，或者已达 12 级以上，并可能持续。在这个时候，大树有被吹倒的可能。

此时段进入特别紧急防风状态。其相应的防御措施有：除了特殊的行业外，建议其他行业停止营业，学校也要停止上课；如果没有特别情况，民众都要尽量待在能够安全防风的地方；相关应急处置部门和抢险单位要根据情况研讨出适应的抢险应急方案，并随时准备启动，当台风中心路过时，在一段时间之内，风力会有所减小或者静止下来，但是，此时也应该继续留守在原处避风，切忌慌张地返回，因为强风不久会重新吹袭；同时，也要相应地做好橙色预警信号的防御措施。

台风的预报方法

随着科学技术的发展，目前台风的发生、发展和它的移动路径都已能被相当准确地预报出来。下面向大家介绍一些有关天气图预报方法的基本知识。

一般人是无法看到天气图的，只有气象台的预报员才能看到。现代化通信技术发展迅猛，20 世纪 70 年代，发明了气象传真机，运用它就可以接收天气图，就是气象传真图。利用气象传真机接收气象传真图，就像电视机一样能接收许多台，可根据不同的需要分别进行选择。

世界各地的气象传真广播台被世界气象组织（WMO）划分成了印度洋、波斯湾、地中海、南太平洋、南大西洋、西北太平洋、东北太平洋、西北大西洋、东北大西洋和北大西洋北部 10 个区域。现在，西北太平洋上有 7 个气象传真广播台，即北京、上海、台北、东京、曼谷、关岛和哈巴罗夫斯克。

世界各国发布的气象传真图内容、种类很多，其中，适用于航海和海洋的气象传真图大致有以下类型：

地面图，包括地面预报图和地面分析图；

高空图，包括高空预报图和高空分析图；

卫星云图，包括红外云图和可见光云图；

海浪图，包括海浪预报图和海浪分析图；

海流图；

海温图；

冰况图；

热带气旋警报图；

亚洲地面分析图。

不同的部门，不同的行业可以根据需要有选择性地进行接收。

台风监测专业机构

美国国家环境预报中心

美国联邦政府的国家海洋大气局（NOAA：National Oceanic and Atmospheric Administration）是美国国家级的气象业务主管机构，具体由下属的国家天气局（NWS：National Weather Service）管理气象业务，国家环境预报中心（NCEP：National Centers for Environmental Prediction）是国家天气局的业务单位，过去叫气象预报中心，类似于我国的中央气象台。国家环境预报中心又下设一个行政中心和九个专业业务中心。

由此可以看出，美国国家环境预报中心专业化分工细致、合作紧密，各部门的专业性非常强，为制作高水平的预报产品提供了有力的人才与技术保障。特别是设立热带预报中心/飓风预报中心，还设立风暴预报中心。

美国联合台风警报中心

美国联合台风警报中心（JTWC：Joint Typhoon Warning Center），原于1959年在关岛尼米兹山创立。因为1995年的基地关闭与重整（Base Realignment and Closure）法案，1999年1月1日迁往珍珠港。它是美国海军位于夏威夷珍珠港的海军太平洋气象及海洋中心的分部。该中心负责发布太平洋及印度洋海域的热带气旋的预报警报。JTWC支援美国国防部的所有分支，以及其他美国政府

机构。该中心制作的数据,主要用途是为军用舰船及飞机的安全提供保障,并传送到位于世界各国的军事基地。

联合台风警报中心遵守世界气象组织的规定,为热带气旋命名,划分台风与热带风暴的等级;唯一的例外是,该中心采用美国官方的标准,以一分钟时间测量持续风速,而没有采取世界气象组织所建议的十分钟标准。

联合台风警报中心全年持续监测、分析和预测热带气旋的形成、发展及动向,该中心的责任范围覆盖了全球九成热带气旋的活动范围。

该中心由32名美国空军及海军人员运作,并使用了数个卫星系统、探测器、雷达、地表及高空全面数据和大气模型去完成任务。在2000年前,联合台风警报中心亦负责对西太平洋风力达热带风暴及以上的热带气旋进行命名工作,但从2000年起,这项工作改由日本气象厅负责。

中国国家气象中心

我国国家气象中心(中央气象台)成立于1950年3月1日,是中国气象局的直属业务单位。其主要职责是为党中央、国务院提供决策气象服务;通过电视、广播、报纸、网站等媒体为社会和公众提供气象信息和预报服务;为专业用户提供有针对性的专门气象服务;为全国气象台站提供气象预报技术和产品指导;履行有关国际气象义务。

我国的台风预报警报工作主要由该中心天气预报与环境气象室负责,主要开展对西北太平洋和南中国海热带气旋的预报警报工作。

中国气象局还有国家气候中心和国家卫星气象中心,分别承担台风气候预测和台风卫星监测任务。

世界气象组织

世界气象组织(WMO:World Meteorological Organization)是促进世界各国气象业务往来和合作活动的政府间国际机构。它的前身国际气象组织成立于1873年,为非官方机构,它提出的世界气象组织公约(草案)于1950年3月23日得到30个国家签字承认并开始生效。1951年3月19日在巴黎召开第一次大会,即为世界气象组织的成立大会,同时国际气象组织解散。1950年12月与联合国联系,后来成为联合国体系内的直属独立组织机构之一。

世界气象组织的主要职能是:促进各国间在建立气象、水文站网及传输、交换气象资料等方面进行合作;为各国气象观测业务制定统一的标准,并加速推行标准化。具体任务有:协调和改进世界气象业务及有关活动并促使其标准化;促进提供气象服务的气象中心迅速发展;促进气象学在人类活动各方面的应用及其发展;促进气象领域内科研和业务人员培训工作的开展。

世界气象组织总部设在日内瓦,设主席一人,副主席三人,秘书长一人。下设五个机构。

(1)世界气象大会,这是本组织的最高决策机构,每四年召开一次会议。

(2)执行委员会,每年举行一次会议。

(3)区域协会,其任务是对各自所辖区域内的气象业务及有关活动进行协调。全世界共划分6个区域:非洲(1区),亚洲(2区),南美洲(3区),北美洲和中美洲(4区),西南太平洋(5区),欧洲(6区)。

(4)技术委员会,几经整编改组,现在共设8个:基本系统委员会、气候学和气象学应用委员会、仪器和观测方法委员会、大气科学委员会、航空气象

学委员会、农业气象学委员会、水文学委员会、海洋气象学委员会。这些委员会均由各国指派的专家组成,每四年召开一次会议。

(5) 秘书处,为常设的事务性机构。

近年来,世界气象组织的主要活动集中在几项大型国际联合协作计划,如世界天气监测网计划、全球大气研究计划、第一次全球大气试验、人类和环境的相互作用计划、世界气候计划等。

世界气象组织专门在亚太地区设立了台风委员会,是1968年由联合国经济社会理事会下属的亚洲及太平洋经济社会委员会和世界气象组织联合建立的政府间组织。任务是协调解决台风业务预报、台风科研、台风现场试验以及组织各国、各地区台风专家们定期或不定期地进行学术交流,举办台风讲习班,培训高级人才,以达到不断提高预报业务的质量。其宗旨在于促进和协调各有关机关团体的力量,在本委员会区域范围内最大限度地减轻台风的灾害。活动内容分为气象、水文、社会救济和防灾、训练和研究。其成员有中国、日本、老挝、菲律宾、泰国、韩国等国家和地区。另外,还在加勒比地区建立了飓风委员会,在孟加拉湾和阿拉伯海地区设立了热带气旋组织以及西南印度洋委员会,这些区域性合作组织都带来很大的效益，为提高各国台风业务预报做出了贡献。使对台风定位、强度、路径等方面问题的研究有了比较准确的资料，部分弥补了由于浩瀚的海洋上常规资料不足造成的缺陷。现在主要是用飞机飞到台风外围云系采用全球定位系统（GPS：Global Positioning System）下投式探空仪进行探测，或用无人飞机飞入台风外围进行探测等。

台风防范与自救

台风监测主要方法

气象卫星监测

　　气象卫星是监测热带洋面上的低压、台风等天气系统的重要工具，其业务产品是卫星云图，使用卫星云图以来没有一个台风被遗漏。世界上第一颗气象卫星是 1960 年 4 月 1 日发射的美国泰勒斯—1 号卫星。它的运行证明了卫星进行全球气象观测的能力，开创了气象观测的新纪元。50 多年来，各国发射的气象卫星已逾百颗，已发射的极轨气象卫星有美国的泰勒斯、艾萨和艾托斯—诺阿系列、国际卫星、前苏联的宇宙和流星以及我国的风云系列；静止气象卫星有美国的应用技术卫星、地球静止业务环境卫星、欧洲空间局的欧洲气象卫星、日本的葵花卫星以及我国的风云系列卫星；已发射的研究卫星有美国的雨云卫星等。这些卫星资料对台风中心的定位、强度的估算、路径的监测都起到了至关重要的作用。

气象雷达监测

　　在台风接近陆地时，由于受海岛和大陆下垫面地形的影响，使得台风结构变得异常复杂。由于雷达的观测时间及空间解析度都比卫星及时，所以当台风接近陆地时，雷达成为最佳的定位工具之一。雷达在台风监测中的应用始于 20 世纪 40 年代后期。20 世纪 90 年代初期，随着新一代 WSR-88D 多普勒天气探

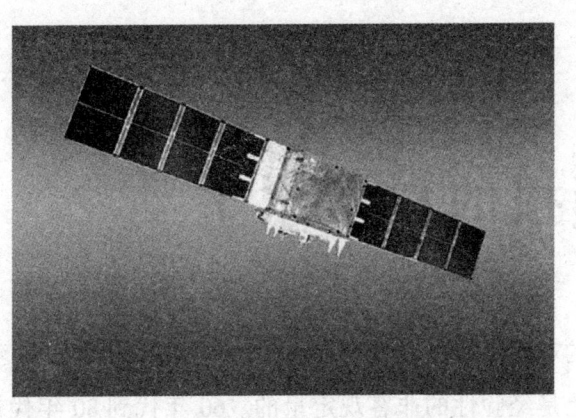

测雷达的迅速发展和普及，使雷达在台风的监测中发挥了更大的作用。目前，多普勒天气雷达、多普勒声雷达等都有着广阔的应用前景。

地面加密观测

铁塔梯度观测、超声温度风速仪、光学雨量计、自动气象站、常规地面和高空加密观测等已被普遍应用到台风的登陆观测中。

台风预报的科学水平

台风预报的难度很大，必须要有科学的方法。20世纪50年代以前的台风预报方法基本上是经验性的非客观定量的。60年代到80年代初期，客观定量的台风预报方法在气象台普遍应用。其中，大多数是根据历史上台风移动、变化以及其他气象因子关系的统计学方法。80年代以后数值预报方法被普遍采用。目前常用的台风预报方法主要有天气学预报方法、气象卫星云图预报方法、客观定量预报方法等。

天气学预报方法

天气学预报方法是在大量普查、分析研究基础上，对影响台风路径、台风天气进行分型，在分型的基础上寻找预报参数，综合为分型编码法。

气象卫星云图预报方法

气象卫星云图预报方法是利用卫星云图对台风的发生发展进行比较系统的分析、总结，给出一套较完整的可供操作的方法。

客观定量预报方法

客观定量预报方法是利用数值预报结果及各种资料进行计算，从而得到移动路径、强度变化和伴随的大风、降水分布等情况。

数值预报

世界各国凡是可能受到台风（飓风、热带风暴）袭击的地区，对台风业务预报都十分重视。

近年来，随着数值预报技术和计算机技术的发展，台风（飓风）的业务数值预报有了较明显进展。

1. 美国飓风预报模式

美国开发了全球谱模式、区域/中尺度经纬格点模式，还开发了不同于全球和区域/中尺度模式的飓风预报模式，模式动力框架为静力平衡，网格设计为经纬格点，分辨率为19千米、18层。

2. 日本台风预报模式

日本开发了全球谱模式、区域/中尺度谱模式，还开发了不同于全球和区域/中尺度模式的台风预报模式，模式动力框架为静力平衡，网格设计为谱模式，分辨率为24千米、25层，时间积分采用半隐式方式。

3. 澳大利亚飓风预报模式

澳大利亚开发了全球谱模式、区域/中尺度经纬格点模式，还开发了不同于全球和区域/中尺度模式的飓风预报模式，模式动力框架为静力平衡，网格设计为经纬格点模式，分辨率为17千米、29层，时间积分采用半隐式—半拉格朗日方式。

4. 我国台风预报模式

我国开发了全球谱模式、区域/中尺度经纬格点模式，还开发了不同于全球和区域/中尺度模式的台风预报模式，模式动力框架为静力平衡，网格设计为经纬格点模式，分辨率为50千米、20层，时间积分采用分裂—显示方式。

另外，像欧洲中期天气预报中心、英国、法国、德国、加拿大因没有台风/飓风袭击，所以这些国家和地区并没有单独开发台风/飓风预报模式。

目前，我国对台风48小时的路径预报误差为200～300千米，24小时的路径预报误差为100～200千米。据统计，2004年，中央气象台24小时、48小时台风强度预报误差为4.2米/秒、6.5米/秒。总体来说，各国1～3天以内的短期台风过程预报准确率较高，但对7～15天内的台风中期过程预报，目前预报能力还比较低，只能做些大致的趋势分析。至于1个月或1个月以上的月、季、年台风活动次数的估计，仍是办法有限，只能是根据同时段的常年平均气候值，加上某些时间和空间上的相关统计结果，或考虑厄尔尼诺、拉尼娜等现象与气候变化之间的关系，加以分析预测。

现在各国各地区对台风比较正常的路径、暴雨、风暴潮等，一般都具有较强的预报能力。但对于一些特殊问题，如台风在其移动过程中发生停滞、打转、徘徊等疑难路径，或移速突然加快或减慢等疑难移速；登陆后在台风强度大为减弱情况下，又突然狂降大暴雨或特大暴雨甚至出现龙卷风；台风登陆前也可能出现海啸等十分严重的灾害等，预报能力还都较差。

及时发布台风警报

台风警报为人们采取防御措施提供了重要信息。我国规定的台风警报发布办法如下。

有台风时,一般要发布"台风警报"和"台风紧急警报";当有台风可能影响本地和台风解除时可发消息。当我国编号范围内的太平洋上有台风发生,并且在3天左右可能影响我国沿海时,气象部门就先发布"台风消息",主要是提供台风的实况。如台风的中心位置、强度、大风范围和台风前进的方向和速度等,以引起大家注意。

当台风继续向我国沿海靠近,预计48小时内将对我国沿海某一地区有阵风8级以上的影响,就发布这个沿海海面的"台风警报"。台风警报的内容,除了

台风消息的内容外，还要增加未来24小时和48小时台风位置，以及对发布地区有影响的风、雨等的预报。

当台风在未来24小时前后将对我国沿海有严重影响，如受台风的侵袭有10级以上的大风时，就发布受影响沿海海面的"台风紧急警报"。它是气象部门发布台风预报最高一级的警报，以强调台风影响的严重性，并有详尽的说明和风、雨等预报内容，以便人们全力以赴防御台风。

目前，我国气象部门在电视媒体上发布台风警报时悬挂五种风旗标志。

我国港口的台风信号发布办法：当本港及附近地区在48小时内将有台风时，白天就挂起"T"信号，夜间升起三盏白色信号灯；当本港及附近地区将有12级以上风力的台风袭击时，白天即挂起"+"信号，夜间升起上下两盏红灯，中间夹一盏绿色灯的信号。船员和渔民们一看到它们，就知道这是强风袭击最严重的信号。

我国香港气象台发布台风警报的办法比较特别。从1973年1月1日起，把台风警报改用风级并用数字表示。例如，"8"表示风力达到烈风或暴风程度，8NW、8SW、8NE、8SE分别表示风力达到烈风或暴风程度，风向分别为西北、西南、东北和东南风；强风指6~8级（10.8~20.7米/秒）；烈风指9级（20.8~24.4米/秒）；暴风指10~11级（24.5~32.6米/秒）；飓风指12级及以上（>32.7米/秒）。

我国台湾地区的台风警报发布办法与其他地区有所不同。船员和渔民在收听天气预报时要注意区别。其方法是：凡预测台风的暴风圈（指时速34海里的暴风圈）在未来24小时内有侵袭台湾近海（离海岸线100千米以内）的可能时，即发布"海上台风警报"。凡预测台风的暴风圈在未来12小时内有侵袭台湾省陆地可能时，即发布"海上及陆上台风警报"。

台风警报的信号是：白天用黄色长方形旗帜表示，两面旗时表示海上台风警报，三面旗时表示海上及陆上台风警报。夜间用绿色灯表示，两盏绿灯表示海上台风警报，三盏绿灯表示海上及陆上台风警报。

外国尤其是美国，由于气象业务的产业化，台风或飓风警报的发布更加注重战略性、有效性和时效性。这些国家对热带气旋警报的发布非常严格。在美国，警报仅限于飓风强度的热带气旋。在印度，警报分为三级：最低的为"气旋性风暴"，中等的为"强气旋性风暴"，最高的为"强气旋性风暴，其中心达飓风风力"。警报用语也充分考虑了社会各阶层的文化、教育程度、职业、社会经济状态和以往对台风或飓风的经验等，有利于全社会的行动。从热带气旋生成的首次消息到即将登陆及其移动过程，警报的内容和用语都是随时变化的。

美国的警报用语有如下几种。

与台风有关的警报用语有：

热带低压——风速为33节（38英里/小时）；

热带风暴——风速为34~63节（39~73英里/小时）；

飓风或台风——风速为64节（74英里/小时）或以上（1英里≈1.6千米）。

远洋船只应该熟悉这些。

美国常用三角旗、方形旗和灯号系统作为警报的信号。当台风将侵袭任何沿海区域时，在岸边定点挂起信号。

小风警报信号：白天显示一面红色三角旗，夜间是白灯上面一盏红灯。表示风速达33节（38英里/小时）或预报该海区的海况危及小船的操作。

大风警报信号：白天显示两面红色三角旗，夜间红灯上面一盏白灯，表示预报海区的风速为34~47节（39.54英里/小时）。

风暴警报信号：白天显示一面中心黑色的红色方形旗，夜间两盏红灯。表示预报该区的风速为48节（55英里/小时）和48节以上。如果此风暴与热带气旋（飓风）有关系，则风暴警报表示预报风速为48~63节（55~73英里/小时）。

飓风警报信号：白天显示两面中心黑色的红色的方形旗，夜间两盏红灯之间一盏白灯。表示预报该区的风速为64节（74英里/小时）或以上。

一侧涂上蓝色，这样风暴旋转就清晰可见。除此之外，颜色涂得越重表明风暴行进的速度越快。风暴的风速可以根据风暴旋转的速度计算出来。雷达也会显示风暴行进的方向和速度。

现在，监测技术很先进，但是不是所有的热带地区都能像美国东部沿海那样被雷达网络所覆盖。卫星观测整个世界，船只和飞机观测世界大部分地区，但是装有气象实验室、计算机和雷达网络的飞机极其昂贵。如果位于热带气旋路径的所有国家都具备这些先进的设备，那么就能面对任何猛烈的风暴。

怎样追踪飓风

如果飓风即将来临，一定要知道飓风的强度及登陆时间。回顾最近几年发生的飓风，不妨做一下比较，以便分辨飓风、命名飓风。按飓风的到达日期来命名。例如，可以用"1900年加尔维斯顿飓风"这一名称。但是这一名称并没有说出飓风是否影响了本国的其他地区。另一名称"劳动节风暴"没有说出飓风在哪、在什么时间发生。

现代气象学家经常同时监测几股飓风，所以他们需要使用较好的系统进行分辨。以前，他们用飓风所在的纬度和经度来命名，这容易混淆，有些难处理。像12.3∶54.7这一名称很难记，也许会与两个月后发生在同一地点的另一次飓风相混淆。

气象学家也曾使用过数字编码来命名飓风，标记出飓风发生的年代。例如，可以对发生在2003年的飓风命名为1∶03，2∶03等。也许这么做很有效，但有一个问题。在20世纪40年代，气象学家开始对热带气旋进行空中研究，船只和飞机上主要用莫尔斯式电码进行通信。莫尔斯式电码能有效地处理字母，但是处理数字很麻烦。用小圆点（·）代表一个短信号，用破折号（——）代表一个长信号……这一莫尔斯式电码代表1∶03，这既费劲又容易弄混。

当船只和飞机无线电开始直接用声音通信时，就废除了莫尔斯式电码。美国气象学家在1951年使用国际语音字母表按字母顺序进行通信。例如，Able、Baker、Charlie、Dog等，但是在1953年采用了新的国际字母表（Alpha、Bravo、Cocoa、Delta等）。字母表会引起混淆，也许一个人报道"飓风'Dog'"，另一个人报道"飓风'Delta'"，人们搞不清楚两者指同一飓风还是两个不同的飓风。所以这一命名系统也被废除。在1953年,气象学家开始使用妇女的名字进行命名。

　　用人名命名飓风不算什么新想法。在西印度群岛,人们很早以前就以圣徒的名字命名飓风,这一做法在加勒比海岛屿也被采用。例如,1825年7月26日,席卷波多黎各的风暴被当地称为飓风"圣安娜"。用人名命名飓风在其他地区也使用。1896年,发生在加拿大的"萨克斯比斯大风"是以一个海军军官的名字命名的,据说这次大风是这个军官预测的。19世纪晚期,气象学家一直使用妇女的名字命名飓风。

　　用妇女的名字命名飓风一直持续到1978年,发生在太平洋东部的风暴也使用了男子的名字。在1979年,同时使用妇女和男子的名字来命名发生在大西洋和墨西哥湾的飓风,现在仍然交替使用男子和妇女的名字来命名(例如,安德鲁、邦妮、查理、丹尼尔等)。自从1979年起,也开始使用非英语国家的名字。

　　名字替代国际语音代码,所以它们也得按字母顺序排列。例如,在2002年,第一个大西洋飓风叫飓风"阿瑟(Arthur)",第二个叫飓风"伯莎(Bertha)",以此类推,当然不可能所有的名字都用上。大西洋飓风的名字用英语和西班牙语来命名,这两种语言中没有以Q、U、X、Y和Z开始的名字。

　　由于必须用不同的名字命名大西洋飓风和太平洋台风,因此所有的名字必须按字母顺序排列,这样就不会出现以同一字母开始的两个名字。也许用不了几年,就会用光所有的名字,这一问题容易解决。提前6年编辑飓风名单,第7年再使用第一年的名单,这样2001年大西洋飓风名单与1995年飓风名单相同,2007年飓风名单又重新使用2001年的飓风名单。北太平洋东部的台风名单同样也按6年一轮回循环。如果这样也会混淆不在同一年发生、但是名字相同的两次飓风的话,那么加上年代问题就解决了。2001年巴里飓风与1995年巴里飓风不是同一次飓风。

　　对太平洋中部的台风命名可以使用略微不同的方法,可以使用4个短的名单命名。尽管名字是按字母顺序排列,但并不是字母表中的所有字母都被使用,每个台风都按名单上的名字依次分配。当名单1上所有的名字都被用完,下一次台风就可采用名单 2 上的第一个名字。当名单 2 上的名字都被用完，又依次采用名单 3、名单 4 上面的名字。这些名字可以从第一年沿用到第二年，所以新一年的第一次台风名字紧接着上一年的最后一次台风的名字。

北太平洋西部的台风使用 5 个名单命名，方法与中部相同。台风的名字由这一地区的 28 个国家提出建议，每个国家提出 5 个名字，总计 140 个名字。澳大利亚、斐济、巴布亚新几内亚附近的风暴也使用这种方法命名。在菲律宾附近海洋发生的台风由菲律宾气象局命名。印度洋北部的气旋不给予命名，但是自从 1960 年以来，对东经 90°以西的气旋给予命名。

曾经的台风名称

热带气旋季节一旦结束，人们对热带气旋的兴趣就会减退，然而，1992 年的飓风"安德鲁"却是个例外，它被称作美国历史上损失最惨重的风暴。1969 年的飓风"卡米尔"是破坏性最大的飓风之一。1998 年的飓风"米切"是另一次造成巨大破坏的飓风。人们不会很快忘记这样的风暴，它们的名字会出现在关于气象学历史的文章中或者在保险索赔谈判中。如果再使用这些名字也许会造成混淆，因此需要把这些名字从名册中删除。

所有热带风暴和热带气旋的名称使用都必须经联合国世界气象组织（WMO）同意。受某一风暴严重影响的国家可以向世界气象组织申请，要求删除那个名字。名字一旦删除，至少 10 年内不准再使用这个名字。风暴发生地的世界气象组织成员国可以选一个新名字代替删除掉的名字，但是必须与删除的名字使用同一个字母、同一种性别和同一种语言。

如果名字引起混淆，即使没有新名字替代删除的名字，也不再使用。1954 年和 1965 年的"卡罗尔"和 1968 年的"埃德娜"由于这种原因已不再使用。大西洋和加勒比海飓风中不再使用的名字有"安德鲁（1992）""卡米尔（1969）""乔治（1998）""吉尔伯特（1988）""雨果（1989）""米切（1998）""奥帕尔（1995）"和"罗克珊（1995）"等。

围绕大气扰动的空气开始旋转（北半球按逆时针方向）、风速超过每小时38英里（61千米）时，就进行命名，这时已成为热带风暴，势力加剧后会转为飓风。名字没改，只是把热带气旋改为飓风。

台风警报方案

20世纪40年代末期，只有当热带气旋靠近大洋航线时，人们才能发现热带气旋，发出热带气旋警报，那时飞机几乎不在洲际航线飞行，也很少在浩瀚的海洋上空飞行。例如，开发得最好的北大西洋航线是美国纽约或加拿大蒙特利尔和英国伦敦之间的航线，中途可在加拿大拉布拉多城或纽芬兰、冰岛或爱尔兰岛、苏格兰的普雷斯特维克加油。

飞机的仪器设备一直在改进，飞机数量也在不断增加，这样，气象学家就可以不断使用安全飞行的飞机报告天气状况，特别是云底和云顶的高度。在飞机军事基地，如果想要知道飞机是否在某种天气状况适合起飞和着陆，通常让一个飞行员飞行，查看区域范围内的天气状况。当然，飞行员不会故意飞进雷雨云中。20世纪40年代的飞机比30年代的飞机要强大、牢固，发动机功能也比30年代的先进，所以穿越风暴飞行不会像从前那样危险。

到1945年，美国海军和陆军空勤人员在热带气旋行进路径上穿越气旋，记录仪器上的数据，供气象学家研究气象系统的结构。现在，飞机仍然执行科学任务，飞进飓风和台风中。美国国家海洋和大气局定期派飞机进入飓风和其他恶劣气象系统，做科学研究。美国是唯一定期派飞机穿越飓风来监测飓风的国家。

美国国家海洋和大气局使用自己的两架"WP-3D型"飞机和空军预备队的几架"WC-130型"飞机。"WP-3D型"飞机是由曾用于反潜巡逻的"洛克希德P-3C型"飞机改装而成的，"WC-130型"飞机是从"洛克希德C-130型"运输飞机改装的。两种飞机都配有涡轮螺旋桨发动机。"WP-3D型"飞机有8个机组人员和供10位科学家工作的工作区。飞机机头和机身尾部装有雷达，机尾装有多普勒雷达和其他仪器，来测量温度、气压、风速和风向以及湿度。雷达也测量水滴和冰晶体的大小和密度，它们把搜集的数据和显示风暴结构的图像发送给迈阿密的飓风中心。

飞机能够投下降落伞携带的无线电探空仪，搜集测量数据，通过无线电传给地面飓风中心。飞机也装备了投入海洋的浮标，叫做"空中可消耗海水测温仪系统"（AXBT）的浮标也能通过无线电传播数据。

气象卫星

当然，执行任务的飞机不能确定风暴的位置，但是可以确定预测的风暴方向。卫星可以早期预测大气扰动。第一颗气象卫星是电视红外线观测卫星（TIROS），它是在1960年4月发射的，几天之内就把距离澳大利亚布里斯班800英里（1287千米）处即将发生的台风图像发送给地面。电视红外线观测卫星现在叫国家海洋和大气卫星，现在仍在使用。卫星仪器对可见光和红外线感觉灵敏，可以扫描1864英里（3000千米）宽、1.2英里（2千米）高的范围。

现在，轨道上有许多气象卫星，每年还在发射2个新的气象卫星。一些气象卫星交互重叠，形成网络一样的覆盖面或格局，对整个地球不间断地观测。

卫星可以发射到极地轨道、太阳同步轨道和地球同步轨道中的任何一个轨道，美国国家海洋和大气局的卫星是在极地轨道。极地轨道可以使卫星穿梭于南北两极，沿着覆盖整个世界的一系列轨道运行。在530英里（860千米）的高度，卫星每102分钟绕地球运行一周。当卫星沿轨道运行的时候，下面的地球在自转。在102分钟内，地球向东旋转25.5°。所以每一个轨道的卫星都得向前一次完成的轨迹的西侧飞行25.5°的区域。太阳同步轨道与此类似，但是卫星保持在相对于太阳的同一位置。轨道大约在560英里（900千米）的高度，相当于地球半径的1/7，也经过极地附近，但是与经度线形成角度。太阳同步轨道卫星每100分钟绕地球运行一圈，一天内15次经过地球表面的每一点。

地球同步轨道卫星在赤道的正上方2.23万英里（3.6万千米）的高度，运行方向与地球自转方向相同。地球同步轨道卫星的高度相当于地球半径的5.6倍，轨道速度和地球的速度相等，所以卫星永远保持在赤道上的某一特定点。地球同步运行环境卫星（GOES）是美国地球同步轨道气象卫星。其中的两个卫星，东部地球同步运行环境卫星和西部地球同步运行环境卫星，在任何时候都在运行。

欧洲航天局拥有一个气象卫星（Meteosat），日本拥有一个气象卫星（Himawari）和印度拥有一个气象卫星（Insat）。这五个卫星都在地球同步轨道上，几乎可以观测世界各地的天气（除了地平线下的南北极附近的小地区）。尽管这些地球同步卫星在很高的高度上，但是它们提供的图像跟极地轨道提供的图像一样清晰。

轨道卫星把信息传给拥有卫星的机构，所有的气象服务都由世界气象组织整理与协调。美国气象卫星由美国国家海洋和大气局控制，所以热带大气扰动的观测信息发送到美国国家海洋和大气局的国家飓风中心。

解释气象信息

　　气象学家仔细研究卫星图像，了解带有大范围卷层云的积云的变化。两种云聚集在一起，表明有强烈的对流系统存在。监测云的活动可以了解风向和风的强度。

　　气象学家除了依靠卫星图像外，还可以依靠船只和飞机发送的信息来研究天气。通过这些信息可以了解气压和气压的变化、风和雨的变化。如阵雨变成连绵雨、气压下降、风力加强，那么可以把天气划分为热带低压。由于数据不断地发送到飓风中心，所以气象学家就会注意到任何低压的进一步加剧，仔细标绘出低压的行进路径。

　　当已转为风暴的热带低压进入美国沿海几百英里范围内时，也会动用飞机来监测风暴。第一个到达的是被称作"飓风追踪者"的美国空军预备队的"WC-130型"飞机。它们的任务是穿越低压系统，测量风暴内气压扰动、风速和风向的状况以及确定风眼的位置。通过无线电发送到迈阿密飓风中心的信息，可以详细解释风暴的内部情况。美国国家海洋和大气局的"WP-3D型"飞机也加入其中，由于装备的仪器精密、复杂，这些被称为"飞行实验室"的

"WP-3D型"飞机与迈阿密的美国国家海洋和大气局的飞机操作中心通信联络。

在飓风中心，由卫星、船只和飞机发送的信息被整理到可预测未来气象变化的电脑程序里，预测有可能会转变为飓风，也能预测出飓风的大小和强度，以及飓风的行进路径。如果飓风正朝着有人居住的岛屿或海岸行进，那么有关当局必须知晓，做好警报及防范措施。

雷 达

在接近陆地时，热带气旋进入岸上雷达量程范围。在美国东海岸，从得克萨斯州到缅因州覆盖着雷达网络，雷达网络可向海延伸到加勒比海群岛最东面的小安的列斯群岛、向南呈弧形延伸到波多黎各东侧。

与可见光和无线电波这类辐射一样，雷达是电磁辐射，由发射台发出，又从一定的地表反射回反射台。反射辐射由接收器检波，可提供两种信息。第一种是由雷达扫描的物体形状的图像；第二种是被扫描物体的距离，可以通过测量信号发射和信号反馈间的时间来计算距离。跟所有的电磁辐射一样，雷达以光的速度运行，所以根据雷达往返所消耗的时间就可以计算出雷达运行的距离。

使用不同的雷达波长来扫描不同的物体，3.94英寸（10厘米）的波长对水滴反射最强。风暴一旦进入雷达量程范围，雷达就可以详细展示风暴的云和雨。

现在由于岸上的雷达正在升级为多普勒雷达系统，所以雷达的作用更大。多普勒雷达系统可以准确测量反射波的频率。

雷达波的传播速度相同，但是在1842年，奥地利物理学家克里斯蒂安·约翰·多普勒（1803—1853）对最初的声波及后来的电磁波做了有趣的研究。如果靠近或远离观察者的物体发出的波传送速度不变，从观察者角度来看波的频率会改变，这是因为波传送的距离在改变。如果靠近波源，频率就会增加，因为每个脉动都比它前面的脉动传送较短的距离。如果远离波源，每个脉动就传

送较远的距离，频率就会减少。就电波而言，频率增加会提高音高，频率减少会降低音高。这就是奔驰的火车靠近时音高提高、远离时音高降低的原因。就光波而言，频率增加会使光更蓝，频率减少会使光更红。多年来宇航员利用这一发现，来确定遥远的星系以多快的速度远离我们地球。

现在，雷达系统可以在计算机屏幕上把雷达信号显示为块状颜色，这有助于气象学家利用多普勒雷达更详细地分析图像，了解云的大小、雨的种类和强度。他们也能知道风暴旋转的速度，因为风暴一侧速度在减慢，另一侧速度在加快。

台风防范与自救

避免飓风造成的巨大破坏

风、雨和咆哮的海洋都会造成巨大破坏,但是破坏的影响程度不同。例如,在1949年,风速为每小时135英里(217千米)的飓风越过美国德克萨斯州,造成2人死亡,在农村,飓风对农作物造成巨大破坏。1967年,飓风"比尤拉"发生在美国德克萨斯州,阵风超过每小时100英里(160千米),造成15人死亡,其中10人死于洪水,5人死于飓风引发的155次龙卷风。

1989年发生的飓风"雨果"是美国历史上破坏力最大的飓风之一。加勒比海岛屿上的强风达到每小时220英里(354千米),美国大陆风速达每小时80英里(129千米),并伴有风暴潮和龙卷风。飓风"雨果"总共造成43人死亡,风暴路经的几个岛屿的房屋几乎都被摧毁,在美国造成的经济损失达105亿美元。

1998年10月的飓风"米切"持续15小时保持每小时180英里(290千米)的风速,在陆地上持续6~8天,造成75英寸(1905毫米)的降水。当飓风"米切"越过中美洲抵达美国大陆时,造成1万~1.2万人死亡,成为200多年来最惨重的一次飓风。

风暴潮使1900年的加尔维斯顿飓风危害性极大。美国历史上代价最惨重的风暴是1992年的飓风"安德鲁",这一次飓风彻底摧毁了佛罗里达州南部几座城市,在巴哈马群岛、路易斯安那州和佛罗里达州造成300多亿美元的损失。

做好预警工作

飓风可以造成巨大的破坏。有些飓风尽管也带来猛烈的风、雨和海浪，但是结果并没有想象的那样惨重。显然，如果当地政府知道飓风即将来临，就应该了解飓风可能造成的破坏程度，预先警报飓风的种类和程度，这样急救服务就会有效地发挥作用。很久以前，人们就已认识到警报的重要性。1873年，在热带气旋靠近新泽西州和康涅狄格州之间的沿海之前，美国第一次发布了飓风警报。

在轨道卫星和飞机上安装了仪器，就能长期详细地追踪海洋上飓风的形成、加剧和行进路径。同时可以研究飓风的特征，预测飓风的影响。这样就可以向公众公布必要的信息，及时做好适当的准备，把灾难减少到最低程度，结果还是很有成效的。1925年的飓风造成每百万美元的财产损失大约有16人死亡，死亡人数已经明显下降。1969年的飓风"卡米尔"每2.84万美元的财产损失有1人死亡。1988年的飓风"吉尔伯特"和1989年的飓风"雨果"每20亿美元的财产损失有1人死亡。1992年的飓风"安德鲁"每13亿美元的财产损失有1人死亡。

世界各地的飓风发生的方式都一样。1991年袭击孟加拉国的气旋造成13万人死亡，类似的气旋在1994年也袭击了孟加拉国，但是只造成200人死亡。根据孟加拉国政府报道，死亡人数减少的原因是因为改善了风暴警报系统和及时撤离了风暴路径上的居民。

风暴警报可以使人们及时做好准备，减少灾难，因此拯救了生命。

虽然人员死亡与财产损失的比率已经朝好的方向发展，实际的死亡人数也已经减少，但是在美国，飓风造成的财产损失在上个世纪有增长的趋势。1900—1910年，飓风平均每年造成800多人死亡。到20世纪90年代，平均每年造成的死亡人数大约是5人。20世纪前几年财产损失不大，但是到30年代增长到每年5亿美元的财产损失，到90年代增长到每年26亿美元的财产损失。从世界整体来看，热带气旋在20世纪60年代每年造成20亿～30亿美元的损失，但是在90年代早期每年造成250亿～300亿美元的损失。

财产损失数额是依据保险赔偿额计算的。飓风"安德鲁"造成的巨大赔偿数额使保险公司注意到他们低估了风暴所造成的破坏。飓风"安德鲁"造成的财产损失赔偿额为155亿美元。如果加上没有保险的财产损失，总计为300亿美元的财产损失。在1986年和1992年期间，飓风和热带风暴占这类赔偿的53%。火灾、爆炸、地震、动乱和其他灾难占赔偿的12%。

预防措施的改进减少了人员死亡的数量，但是在美国，由于人们喜欢在佛罗里达州和墨西哥湾沿海居住和度假，所以那里的财产损失在不断增加。在1980—1993年，佛罗里达州的人口增加了37%、北卡罗来纳州的人口增加了25%、得克萨斯州的人口增加了10%。而同一时期，路易斯安那州的人口减少了大约4%。美国国家海洋和大气局曾预测，到2010年7300多万人将居住在飓风易发区，多数人会为他们的财产保险。所以尽管飓风的强度也许会减弱，但是飓风造成的损失依然会增加。

监测来临的飓风

迈阿密国家飓风中心归属于美国国家海洋和大气局，在那里，气象学家从飓风一开始形成，就注意监测热带风暴的基本特征。当风暴加剧、向陆地移动时，就更加密切观察飓风的动向。在飓风登陆之前，他们已经获取很多信息。

气象学家仔细监测风暴中心气压来计算风速，也仔细观测云的形成来预测降雨程度，还要观测风暴中心气温来区分飓风和热带风暴。同样也可以测量整个风暴系统的大小，推测在它移到大陆时所影响的范围，计算风暴中心周围不同位置的风速。

进行测量和计算也就是标绘风暴的路径，通常可以根据风眼周围的气旋和对以往飓风的掌握，预测未来的风暴路径。所有的数据都被储存到世界上最强的超级计算机的调制—解调器里。这些计算机安置在美国新泽西州的普林斯顿、华盛顿哥伦比亚特区和英国的布莱克耐尔。从调制—解调器输出的信息传送给迈阿密国家飓风中心的气象学家。

飓风会改变路径，飓风的预测路径并不十分可靠，所以飓风警报发布的范围要比实际的飓风范围要大得多。

气象学家知道飓风的大小和强度，预测出飓风登陆的位置，根据测量的速度，推测出飓风登陆的时间。现在，也得考虑其他因素。根据风眼的气压，气象学家知道飓风到达的时间与潮汐状况有关，从而预测海洋总的上涨高度。根据风速的知识，计算海浪的大小，海浪的大小一定与海岸的形状和海底的坡度有关。综合在一起，可以说海平面上海洋的上涨是与气压、潮汐和到达海岸时海浪的大小有关，海洋的上涨使我们能够预测任何风暴潮的大小。海岸上地面的高度决定了风暴潮穿越内陆行进的距离。当考虑到降水对自然界排水系统的影响时，又可以预测出任何洪水的严重程度。

将飓风划分级别

根据观测风眼气压、风速和风暴潮高度，按萨菲尔/辛普森飓风级别来划分飓风级别，并根据飓风级别在飓风到来之前，采取预防措施。

萨菲尔/辛普森飓风级别能标出风暴造成的破坏种类和程度。穿越市中心的飓风显然比穿越人口稀疏的农村造成的破坏大，但是预测不出会造成多大经济损失。风暴过后，保险公司根据估价来确定经济损失的大小。风暴警报经常使用这样的话，例如，"活动住房被摧毁""洪水泛滥到内陆6英里（约9.6千米）范围"或者"对屋顶造成大范围破坏"等。这些警报显示了风暴的猛烈程度，但是没有详细记述破坏的程度。

提前发布飓风来袭警报

飓风到达前一两天，发出第一个飓风观测警报，报道飓风可能影响的海岸地带和比飓风直径范围大6倍的内陆地区。风眼两侧的大部分地带也许经受不到猛烈的风暴，但是可能会经受大风，因为飓风的预测不会很准确。这种过度的警报与没有狼时喊"狼来了"不同。令人高兴的只不过是，飓风转向了别处，没有袭击当地，但是飓风确确实实存在。

热带气旋的实际直径决定了即将受飓风影响的地带范围，有时对飓风影响的地带范围发出的警报会存在预料不到的偏差。当飓风靠近海岸时，需要根据风、雨、风暴潮和飓风的速度和方向来重新做警报。警报要区分出飓风中心任何一侧的影响。飓风眼壁附近和风暴路径右侧的地方风力最强，飓风眼壁附近雨量也最大。

做好准备工作

如果人们按照警报要求来做,准备工作就会在风暴来临之前完成。像石油钻塔这样的近海设备也得撤离;渔船要停泊在港口,安全地用绳索拴住;甲板上要清除任何不牢固的东西;大船停靠在安全的避风处;飓风路径上的工厂必须关闭,工厂内的炉火必须熄灭;写字间要关闭,建议所有的职员待在家里,不准四下走动;家里、商店和其他商业部门必须用木板把门窗封上。

住在岛上和沿海的数万名居民也要撤离。如果一个或多个城市受影响,那么做这些准备,需要在物质、撤离使用的交通工具、住宿以及生产损失这些方面花费数百万美元的资金。由于对飓风的强度和路径只是做了大致的预测,很有可能飓风实际影响范围扩大,这样损失还会增加。风暴来临前做好准备,每英里海岸线消费 50 万~100 万美元(平均每千米海岸线消费 30 万~60 万美元)资金,警报范围通常延伸到 300~400 英里(483~644 千米),这样总费用为 1.5 亿~4 亿美元。由于费用极高,所以气象学家在发布警报时尽量不夸大危险。

令人遗憾的是，人们总是忽视警报。他们不愿意花时间和金钱预先做准备，他们主观地猜想也许预测会出现错误，或者认为自己运气好，也许飓风只是擦肩而过，不会造成什么危险。一旦他们真正遭遇飓风时，就已为时太晚，他们从不知道飓风眼壁中有多大威力。当天空晴朗，空气平静时，人们很容易忽视警报。多数情况是，这些人刚刚搬到当地，正躺在家边的沙滩上享受着看似平静可靠的暖暖的阳光。他们只是在电视、收音机上看过或听过飓风，从没有目睹过飓风是如何轻松地从地面拔起房屋，抛向空中，砸到地面，摔成碎片的恐怖情景。

这些人的做法是不明智的，他们不仅拿自己的生命在冒险，而且在拿救助他们的抢险人员的生命开玩笑。飓风警报一发布，就意味着飓风即将来临。警报不会轻易发布，所以必须严肃对待，必须迅速地按照警报要求采取准备行动。

台风防范与自救

台风的自救机制

台风防范与自救

防御台风任重道远

人类防御台风的历史由来已久。在古代，由于科学技术的落后，人们对台风缺乏认识，误认为是天神发怒。在一种神话中就把台风描绘成一只可怕的巨龙，它在黑暗和浪涛中沿着天空遨游，用自己的一只大眼睛注视着下面那些可以捕杀的猎物，所以在那个年代，人们对台风只能是听天由命。

随着人类文明的进步，人们开始对台风灾害采取一定程度的抗御措施，如修建海塘、加固建筑。但由于科学技术水平的落后，这些措施仍然不能避免台风灾害带来的巨大生命和财产的损失。

进入21世纪以后，人类逐渐认识到台风灾害的破坏力，在某种程度上有其不可抗御的一面，观念上也从"抗台风"逐渐转变为尊重自然规律的"防台风""避台风"，而且某一时期要以"避台风"为主。防台、避台工作中坚持以人为本，把人民群众的生命和财产安全放在首位。在台风灾害发生时，立足于防御，做好危险区域的人员转移及避险，建立应急转移安置区，并启动相关配套措施，保证台风期间转移群众的生活基本正常，最大限度地减少人员伤亡已成为我国防台风的新思路。

提升业务系统运转能力并健全运作机制

（1）改进台风预报警报系统。通过几十年的努力，我国已经建成了包括台风监测、通信、资料处理、预报警报和发布服务等在内的台风预报警报系统，建立了有关业务管理规定。与防御其他灾害相比，台风预报警报系统较为完整，多年来在减灾防灾中发挥了巨大的作用。但在台风中心的精确定位、路径和强度的准确预测和实现警报发布覆盖"最后一千米"的目标等方面还有很大差距。不断改进和完善台风预报警报系统，对于提前部署防御台风工作有着至关重要的作用。

（2）建立健全防灾减灾应急机制。要制订详细的防灾减灾应急方案，建立和完善应急机制，如进行台风灾害知识的普及宣传以及台风来时应如何应对的一些训练、演习，做到在台风袭击时正确疏散人员、安排救援行动、执行救济及灾后重建计划等。

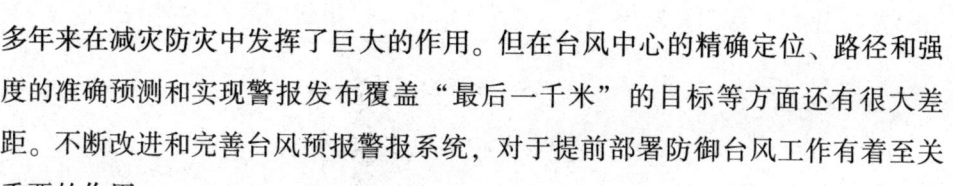

长期防御

修筑海塘

海塘工程是抗御台风狂风巨浪的重要防灾设施,能使陆地免受波浪、风暴潮、海啸的侵袭。我国人民在长期同台风灾害的斗争中积累了丰富的经验,陆续修建了沿海、沿江堤防和挡潮闸,这些设施在防御台风侵袭中发挥了重要作用。但也有不少海堤、海塘标准不高,缺少维护保养。因此,加强海塘工程的修建、加固和维护,对抗御台风灾害具有十分重要的意义。

绿化造林

沿海地区造防风林带也是一项极其重要的防御措施。防风林可以削弱台风的风力,减轻陆地上的受灾程度,也能起到加固海堤的作用,减轻海浪对堤岸的破坏。现在,我国沿海地区越来越重视防风林的建设,并视之为防台风的一大"生物措施"。海南岛全岛1480千米宜林海岸线,已基本形成闭合的环岛防风"绿色长城"。福建省沿海3000多千米海岸形成带、网、片相结合,建成宽10~15米的绿色"屏障"。目前我国共营造沿海防风林带1.1万多千米,占宜林海岸线总长的83.5%。

按抗风标准设计建筑物

风压是建筑设计结构中侧向载荷的一种主要基本数据，建筑设计中必须考虑风载荷。在设计中，若风压取值偏低，建筑物的安全就无保障。在台风经常袭击的地区，需要将历史上出现过的极大风速作为设计风压的依据。在对建筑物进行设计时，既要考虑造型，也要考虑抗风能力，不能为使建筑物美观而不重视其牢固度。我国台湾兰屿岛经常遭受台风袭击，因此岛上居民雅美族人创造性地营造了一种"地窖"式的民居，房屋一般位于地面以下 1.5~2.0 米处，屋顶用茅草覆盖，条件好的用铁皮，仅高出地面 0.5 米左右，迎风面缓，背风面陡。日本太平洋沿岸易受台风袭击的一些渔村，房屋建好后一般用渔网罩住或用大石块压住。20 世纪 90 年代，我国有一沿海城市在设计高楼时，因为没有充分考虑风力的影响，在台风袭击时，发生高楼幕墙玻璃脱落，造成砸伤上千名行人的重大事故。因此，对建筑物，尤其是高层建筑物的设计，一定要考虑抗风能力。

 台风防范与自救

遭遇台风时的自救方法

台风来袭，巧妙逃生

在海边遭遇台风时，如果不慎被刮入大海，一定要想办法朝岸边的方向游回，防止被海浪冲远，无法游回或体力不支时要尽可能地寻找漂浮物，保持体力以待救援。

一阵强台风刮过之后，地面会风平浪静一段时间，但风暴并没有结束，所以一定不要轻举妄动，还要继续待在房子里或原先的藏身处。一般来说，这种

平静持续不到一个小时，风就会从相反的方向以雷霆万钧之势再度横扫过来，但是如果你是在户外躲避的话，那么这时就要迅速转移到原来避风地的对侧。

如果需要及时转移避灾地点，一定要把握好时间，尽量和朋友、家人在一起迅速离开，可以到地势较高的坚固房子，或事先指定的洪水区域以外的地区。台风发生时，如果你是在移动性房屋、危房、简易棚、铁皮屋时，趁此短暂平静时间，要迅速转移到安全地带。但不要靠在围墙旁避风，台风刮倒围墙会导致人员伤亡。把你的撤离计划告知邻居和在警报区以外的家人或亲友，以备及时的救援。准备转移时也要注意安全，防止地上断落的电线或岌岌可危的建筑，千万不要为赶时间而冒险趟过湍急的河沟。

台风期间不得不外出时的自保措施

外出行走时的注意事项

在暴风雨期间，要远离迎风门窗，不是迫不得已，尽量不要外出。假如非出去不可，也尽可能不要接近海边。在遭遇很大的风力时，应尽量弯腰，将身体蜷成一团，以减少受风面积，一定要穿上轻便防水最好是绝缘的鞋子和颜色鲜艳、紧身合体的衣物，把衣服扣好或用带子扎紧，台风常伴有大雨，大风天气一定不要打伞，最好是穿上雨衣，戴好雨帽，系紧帽带。

行走时，应一步一步走稳，顺风时千万不要跑，否则很容易停不下来，甚至还有被狂风刮走的危险；如果有栅栏、柱子或其他稳固的固定物一类可以帮助稳定行走的物体，一定要抓好；但要注意远离电线杆和掉落在地的电线。

在建筑物下面或建筑物密集的街道行走时，要特别注意高空落下物或不明飞来物，以免被砸伤；尤其是走到道路拐角处时，要停下来观察没有危险时再走，留意不要被刮起的飞来物击伤；经过狭窄的桥或高处时，极易被刮倒或落水，一定要通过时，最好的姿势是伏身爬行。如果台风期间夹着暴雨，要密切注意路上水深，防止地面看不见的水坑或旋涡，最好是有个木棍或竹竿一步一

步探好路再行走。儿童和青少年千万不要在水中嬉戏游玩,也不要独自在水中行走,被水淹没的道路危机四伏,千万要注意。

开车外出时的注意事项

台风天气时,尽量不要驾车外出,如果不得已驾车在外,一定要保持低速慢行,这是最安全的办法。如果没有找到更好的避灾场所,待在车里可以躲避狂风的吹袭、不明物体砸伤的危险。

如果在暴风雨期间开车出门,首先要检查刹车、雨刮器、各种灯的运作是否完好,以杜绝在关键时候出现问题;开车时要集中注意力,应减速慢行,保持与前方车辆的距离,为了防止车辆侧滑跑偏,遇到情况时不要猛踩刹车,遭遇大雨、暴雨时,要开启雾灯,跟车不要过近,要减少频繁并线的可能;转弯时应该把车速慢下来,并轻轻转动方向盘;涉水时与前车保持距离,不要同时下水,注意前车因故急停车;路面有积水时,最好绕行,绕不过去时,不要"勇往直前",应该探明积水的深浅后再决定是否驾车通过;要小心驾驶,不要

猛加油门,因为不知路面积水中是否存在障碍物,而且刹车片浸在水中,会影

响制动效果，来不及刹车避险。在山区的公路上行驶时，要随时留意山体滑坡情况的出现；汽车在高速公路行驶时，要时刻关注风的走向，特别要注意的是从车辆侧面刮来的风，尽量保持低速驾驶，如果车速过快，很容易翻车。在对周围的情况作出一定的观察后再决定是否停车，比如，是不是处于露天广告牌附近，停车处附近的楼上有没有容易坠落的花盆、杂物等，另外，要远离锈迹斑斑的空调外机。如果你选择在地下车库停车，那么，也一定要事先确定车库是否具有完善的排水系统，否则，你就有可能在台风过后到水里去捞车子。

带着雨具骑车要特别谨慎

假如在暴风雨期间骑自行车出门，雨具是不可或缺的，但是骑车带雨具也有一定的讲究。有些技术好的人在骑车时喜欢用一只手把着车龙头，一只手拿着雨伞，这种违反交通规则的做法本来就不该用，在台风天气中，这样做更危险。那些习惯用雨披的市民，在出门时最好用夹子把雨披的前摆固定在车筐上，如此一来，就算风吹得再厉害，也不会出现雨披随风把脸盖住的危险。

暴雨来临前将电源插头拔掉

为了防止遭到雷击，在暴雨来临之前，要将各类电器的电源迅速切断，因为电波会引来雷电的袭击，所以，在雷雨天不要使用手机、收音机等无线工具。

避风避雨地点要慎重选择

在台风来临时，千万不要在容易造成伤亡的地点避风避雨，比如，危旧住房、工棚、树木、铁塔、脚手架、电线杆、广告牌、临时建筑等下面。如果所住的房屋抗风能力较差或是危房，最好暂避到亲友家中。为了确保人身安全，民众应该听从当地政府部门的调度，如果要求撤离，要立即撤离，确保人身安全。

关严迎风窗门

台风来临时,迎风一侧的窗门千万不要打开,否则强气流进房内有可能会吹倒房子。要关严门窗,对于玻璃门窗和铝合金门窗要特别注意,应当采取适当的防护措施。如果玻璃有裂缝或松动状况,为了防止被风吹碎后四散开来,可以在玻璃上贴上胶条用以固定。千万不要逗留在玻璃门、玻璃窗附近。在台风来袭时,老人、孩子尽量不要出门。假若只有老人或孩子单独在家,那么,也一定要想法提醒他们紧闭的门窗不能随便打开,也不要随意接近窗户,以免强风把窗户吹成玻璃片弄伤他们。

将自己从危险的堤塘内转移到安全地带

台风能够引发风暴潮,江塘堤防、涵闸、码头、护岸等设施很容易被冲毁,甚至附近的人员都有可能直接被冲走,为避免造成人员伤亡,沿海渔船应该回港避风。因此,沿海地区从事塘外养殖和处于危险堤塘内的群众要赶在台风来临前及时转移到安全地带。

切记防范泥石流、山体滑坡等衍生灾害

如果刚好处于海边或山区,要注意把屋内积水及时排除掉,要提防因大风和暴雨引发的泥石流、山体滑坡和地面沉降等地质灾害造成人员伤亡。一旦发现泥石流、山体滑坡等地质灾害征兆时,则要当机立断,快速地撤离危险区,同时要及时向有关部门报告,使周围居民也有充分时间进行撤离。

在安全信号没有撤销时不可大意

在解除台风信号以后,撤离地区宣布为安全区域后,才能够返回,并且不要涉足危险和未知的区域,应该遵守规定。在安全尚未得以确定时,不要随意使用煤气、自来水、电气线路等,同时,要随时随地有发生危险时求救于有关部门的准备。

其他自救措施

不慎被台风卷入水中

如果台风中不慎被卷入风浪里，这时候一定不要试图逆流而游，即使游泳技术好，也很容易出现危险。

千万不要慌乱，保持镇定是最重要的。不可胡乱挣扎、拍打。拼命抓住身边任何有漂浮力的物体，如漂浮的木头、家具等物品。

落水前深吸一口气，落水时不要挣扎，因为自然的浮力会很快让你浮上水面，然后借助波浪的冲力不断蹬腿游动，尽量观察好浪头的方向，浮在浪头上趁势前冲，奋力游回岸边。

浪头到时挺直身体，仰头，下巴前伸，使口鼻露在水面，双臂前伸或贴紧身体平放，身体像冲浪板一样，浪头过后一面踩水顺力前游，一面观察后一浪头的动向。

大浪接近时，游泳技术好的人可深呼吸趁势潜入浅海海底，把手插在沙层中固定住身体，等到海浪涌过后再露出水面，辨清方向及时游回岸边。

海上船只遭遇台风

船只在海上航行时,最可靠的避险方法是不与台风正面相遇。如果已经避之不及,可以采取"停、绕、穿"的方法紧急避险。

航海船只海上自救要领:

船只在海上航行或在海上作业时,要注意收听附近地区气象台的气象预报,及时了解海风、海浪情况。

保持与陆地指挥系统的联络,以便台风来临时,能及时安全的避开台风的突袭。

已经出现台风前兆或台风预警时,尚未出港的船只必须推迟出航时间,待风暴过后再出航;而已经在海面航行的船只,则可以根据台风的移动方向和范围,适当地改变航线,绕道而行,或抢在台风到来之前迅速穿过危险区域。

如果航海船只已经处在台风中心,那么,最好的办法是顶着风前进,以求脱离险境。

首先要保持镇定冷静,弄清船只在台风中的位置,并尽快与海岸指挥部联系,及时发出求救信号。

根据风压定则，迅速果断地采取驶离台风中心区的措施：如果船只处在热带气旋前进方向的右半圆（危险半圆）内，就向风向对右舷船首的航向行驶；反之，则采取风向对右舷船尾的航向行驶。

若船只处在热带气旋的前部，而且在热带气旋行进路线上，也应该采取风向对右舷船尾的航向行驶。

切忌抛锚关机停滞漂浮在海面，这样很容易翻船。

飓风来袭时怎样保护自己

如果你居住在热带气旋易发区,你应该提前做好准备。在冬天和初春稍做准备,当风暴来临时,就能极大地提高逃离危险的机会。

如果想要知道你居住的地区是否有遭受风暴袭击的危险,可以向居住在这多年的人咨询,或者查询当地报纸和当地图书馆。

如果你居住在低纬度大西洋和太平洋沿岸低洼地带,你应该知道飓风或台风迟早会袭击这一地区。从弗吉尼亚州到佛罗里达州的美国沿海和墨西哥湾沿海特别处于危险地带。如果你刚刚来到这里,千万不要低估热带气旋的巨大能量。

飓风、台风和气旋都发生在热带。在任何地方官方都会在风暴之前、之中和之后发布警报,一定要按照警报要求,采取适当的预防措施。

弄清当地地况

从研究当地地理着手,查明自己的家在海平面上的高度、自家和沿海之间地面的高度和过去风暴潮影响该地区的情况,这些信息有助于了解海洋会发生什么。

倾盆大雨可能使河水泛滥。离你家最近的河在哪?你的家高于河水吗?如果你住在河流附近低洼地带,你必须马上撤离到较高内陆去。切记的是,如果你唯一的逃生路线经过低地或桥梁,那么风暴来临时就无法通过,这样只有在风暴到来之前计划好撤离。

事先安排好在危急时刻与住在内陆高地的朋友或亲戚住在一起。官方会在你居住的地区建立紧急事务躲避处,如果你不能与朋友和家人待在一起,最好到躲避处去。

做好防护准备

用木板封闭好窗户,关紧所有的外门,放好适当的木棍、胶合板、聚乙烯板、钉子和绳子。

准备好高质量的手电筒和使用电池的可靠的收音机,务必保证这些东西正常运转,并备用有电池。携带收听天气预报的接收器,也要保证它正常运转。

准备好烧饭用的露宿炉子和燃料,露宿用的食品冷藏盒和帆布包很有用处,能够保持食品新鲜。先准备好一个急救箱。这个箱子应该标记清楚,易于查找。最理想的是在白背景上涂上红十字。如果急救箱是用白塑料制作的,可用红胶带做一个红十字。

储存一些水,准备足够干净、密封的容器,容纳至少14加仑(53升)水,供全家人饮用。

准备干食品或罐装食品,储藏足够的食品,供全家人至少两个星期食用。

还需要其他的家用品,像肥皂、卫生纸、牙膏和毛巾等。如果撤离当地,还需要毛毯和睡袋。

要保证房瓦没有松动或掉下,疏通排水槽和地漏排水管。如果房屋附近有一些年久的树木或灌木,立即拔掉。把所有不牢固的树枝折掉,使树木光秃一些,这样风就可不受阻挡直穿过去。

风暴来袭时不可大意

当知道风暴即将来临时,收听当地电视台或广播,如果在美国,收听美国国家海洋和大气局的公共电台——气象电台的广播。要频繁地收听电台广播,如果可能的话,尽量使用电能,以便节省电池至风暴到来时使用。

在美国,第一个警报是警惕热带风暴或飓风。风暴意味着持续刮风,风速高达每小时74英里(119千米),飓风的风比风暴的风更强烈。警报会警告居民风暴或飓风到达的时间,通常会提前36个小时发布警报,便于居民提前做好准备。

你也会收到突如其来的洪水的警报。

检查一下你的汽车油箱是否填满,如果没有,马上充满油。如果你在服药,额外多带一些药物,最好是能用两星期的药量。

当热带风暴或飓风即将在未来24小时内到达时,就会发布热带风暴警报或飓风警报。用木板封闭窗户、打开无线电或电视,收听警报指令,立即按照指令行动。

如果接收到突如其来的洪水警报,就意味着快速的洪水即将逼迫。如果可能的话,立即离开低洼地区。尽量在白天行动,因为公路也许会十分拥挤或者被封闭。如果洪水来临,没有从家里撤离,那么就只能到楼上去。

台风防范与自救

在必要时选择撤离

如果警报建议你撤离,马上采取行动。如果你住在离海岸几百码远的地方、岛上、河流的洪水区或者你住的地区在过去曾受过风暴潮的冲击,那么你必须撤离。如果你住在高地,你也应该撤离,因为飓风会破坏建筑。无论你把活动房屋系得多牢,飓风也许还会摧毁它,所以不要待在活动房屋里。

撤离之前,关好煤气、电和水,把所有电器插头都拔下。

带着身份证、重要私人文件和现金。如果你不是搬到朋友或亲戚家住,设法到汽车旅馆或旅馆里预订住宿。不要耽误,通知远离受影响地区的朋友和亲戚你的去向。

不要带宠物。一定要保证把它们关在房屋里,保证给它们准备了充足的食品和水。

寻找紧急躲避点

当从收音机或电视上听到离你最近的紧急躲避处对公众开放时,你可以去那躲避。

如果你去躲避处,带上毯子、睡袋、洗漱用品、急救箱、手电筒和收音机。也需要带身份证、现金及重要个人文件。

你也许得在躲避处住一小段时间,所以可以带一些书、游戏或纸牌这样的东西来消磨时间。

躲避处不可能是舒舒服服的,别指望在那不受别人打扰。官方会尽最大努力,但是那里很可能很拥挤,也许还没有电。

最好待在家里

如果没人警告你离开，就待在家里别动。在家里要拔掉小的电器插头，关掉煤气。

把冰箱开到最大功率，在冰箱里储存一些新鲜的可以用几天的食品。

储存饮用水，还要在浴盆里存满洗漱用的水。

关闭所有的门，门里用木棍顶住，这样风就不会吹开。

坚持收听无线电广播，按照命令行动，也许要求你关掉电或水。

带上手电筒和收音机，尽可能远离窗户，躲在建筑最安全的地点。如果可能的话，躲在没有外墙的屋子里或者靠近楼梯的多层建筑里。当狂风到来时，躺在地板上，最好钻到坚固的桌子下面。

风暴过后

过了一段时间，风渐渐平息下来，天空也晴朗起来。这时不要到外面去，这有可能是风暴的风眼。如果是，风会在几分钟内从相反方向转回来。不要存侥幸心理，记住，飓风经常引发龙卷风，也许没有任何警告就突然出现在任何地方。

风暴过后，无线电广播会通知你可以安全的到外面去。如果没有收到广播通告，要待在屋里。

如果你在外地，不要急着赶回家。也许你得出示身份证才可以允许进屋。如果你的家受到风暴破坏，不经官方允许不要进去，否则会有危险。

如果在户外，一定要当心被风吹倒的电线，它们也许还带电。还要注意有电缆的水坑。当心蛇，受洪水侵袭，它们也许会跑出来。同时也要注意松动的悬垂物体和树枝。

当允许你进屋时，不要使用像蜡烛这样的明火。

如果你食用风暴前买的食品，一定要当心食物是否变质，干食品和罐装食品比较安全。如果没有接到通知，不要饮用自来水或用自来水做饭，因为可能水已受污染。当电恢复使用后，就不会有着火的危险，这样广播会建议你水煮沸后再饮用。

所有的热带风暴、飓风、台风和气旋都危险，它们都会造成极大的破坏力，对生命造成极大的威胁，但是如果有适当的准备、良好的警报系统、合理的预防措施就可能在灾难中幸存下来。只有适时、适当地采取行动措施，才能保证人们生命及财产的安全。

典型台风案例追溯

亚洲台风

热带风暴多发的 2001 年

居住在中国南部、中国台湾地区和菲律宾的人对热带风暴和台风不会陌生,2001年是热带风暴的多发年。风速的高低决定了风暴是否达到台风的强度。台风发生时,摧毁家园、剥夺生命的通常不是大风,而是大雨。

台风"榴莲"在2001年6月下旬袭击了中国大陆、中国台湾和菲律宾。它在菲律宾开始,越过中国台湾,在7月1日星期日到达中国广东省。风速达到每小时104英里(167千米),带来12英寸(305毫米)的降水。据报道,没有人员死亡,但是中国政府估计重建家园至少需要4460万美元的资金。台风"榴莲"继续移动,进入越南北部,连续3天总计带来17英寸(432毫米)的降水。台风造成的山崩埋葬了一些房屋,造成6人死亡,还有3人被洪水淹死。

同年7月最后一个星期,台风"玉兔"袭击了中国广东,风速达到每小时94英里(151千米)。台风摧毁了茂名附近的2340座房屋,还有数千座房屋及农作物受损。此次风暴造成的经济损失达760万美元。

2001年7月上旬的台风"犹托",风速由每小时80英里(129千米)上升到每小时97英里(156千米),引发了突如其来的大雨和泥石流。在菲律宾台风"犹托"造成121人死亡、40人下落不明。多数的遇难者死于泥石流或山崩。台风"犹托"在中国台湾南部只是擦肩而过,山崩和洪水使部分公路受阻,有一人被洪水冲进河里淹死。台风"犹托"从台湾进入广东省南部,最后在那里消失。

7月30日星期一早晨,台风"托拉吉"抵达中国台湾。据一位幸存者描述,洪水猛冲进他家的客厅,家里有10人被洪水冲走。风暴过后,孤苦伶仃的他拼命地在泥巴和残骸中搜索家人踪迹,但一无所获。当天傍晚,当台风"托拉吉"离开台湾时,至少造成100人死亡,许多人下落不明。星期二清晨,台风"托拉吉"到达中国福建省,但此时已减弱,没有造成严重的破坏和人员伤亡。

较弱的台风"达那斯"在2001年9月袭击了日本,造成巨大破坏,有5人死亡,其中4人死于东京北部附近的泥石流。大雨倾泻,树木被吹倒,由于交通受阻,设备运输瘫痪,丰田汽车公司不得不关闭其12个工厂。

台风"达那斯"过后,又出现了另一个较弱的热带风暴——台风"那丽"。从9月16日星期日早晨到9月17日星期一中午之前,台风"那丽"在中国台湾台北倾泻了32英寸(813毫米)的降水,淹没了城市排水系统,街道积水达到汽车车顶高度,部分地铁遭受洪水冲击。雨水从山坡猛冲下来,熟睡中的人们被突如其来的洪水淹死。有5人埋葬在泥石流中。居民的房屋、桥梁和铁路被毁，总计造成90人死亡。

一周后，中国台湾的台北人民建起沙袋护墙以应对台风"莱基马（Lekima）"。台风"莱基马"移动缓慢，但是其风速可达每小时74英里（119千米），在中国台湾北部地区降了大约20英寸（508毫米）的雨水。

11月上旬，热带风暴"玲玲"袭击了菲律宾岛屿，造成大约300人死亡。在菲律宾首都马尼拉东南部440英里（708千米）处的甘米银岛，连续4个小时下暴雨，造成的洪水冲垮了房屋，把火山喷发时形成的巨砾冲进村庄。热带风暴"玲玲"离开菲律宾后，进入越南，在那儿摧毁了房屋、吹倒了树木、吹翻了渔船。

亚洲气旋

形成于中国南海的凶猛的热带气旋用官方语言称作大风。这种风可以对近海岛屿造成破坏，也经常越过大陆海岸线，在内陆行进相当长的一段距离，造成生命和财产损失。用汉语词汇，我们称这些气旋为"台风"，并且"台风"这一名称扩展到指所有形成于太平洋的热带气旋。

并且，还有其他名称。发生在印度尼西亚和菲律宾附近的热带气旋叫做"碧瑶风"。碧瑶是菲律宾的一个城镇。在澳大利亚附近的热带气旋叫做"气旋"，通常指发生在印度洋北部的热带气旋。现在发生在印度洋南部的热带气旋也叫"气旋"。

在所有的热带气旋中，几乎90%是台风或气旋。亚洲东部、印度次大陆、印度尼西亚、菲律宾和热带太平洋一些小岛屿遭受的台风或气旋是大西洋和加勒比海遭受的飓风的9倍，并且太平洋台风经常比大西洋飓风更猛烈。历史上记载的最猛烈的一次太平洋台风是1979年10月的台风"提普（Tip）"。其风速保持在每小时190英里（305千米），这是因为太平洋比大西洋宽阔得多。在风暴到达大陆和失去温暖的水源之前，要向更远处行进，所以它们有更多的时间发展、加剧。同样，台风比飓风覆盖的面积更大。"超级台风"很罕见，但是它们一旦出现，就会覆盖300万平方英里（780平方千米）的面积，这相当于美国大陆的面积。

太平洋和印度洋上的热带气旋非常强烈，1999年10月29日袭击印度奥里邦的热带气旋摧毁了几个村庄，造成大范围的洪水。气旋过后，印度政府公布有9463人死亡，大约8000人下落不明。印度洋南部的气旋季节（在南半球）从1月份持续到3月份，孟加拉湾和阿拉伯海的气旋季节从5月份持续到9月份。在印度洋南部，每年平均有9.68次气旋，在孟加拉湾和阿拉伯海平均有8.75次，这两个地区每年气旋的次数都有所变化。1945—2000年期间，印度洋南部气旋发生的次数略微有所下降，在孟加拉湾急剧下降，现在孟加拉湾气旋不太常见。

2001年1月2日形成于印度洋南部的气旋"安道"是最典型的，它在马达加斯加最北端东侧745英里（1200千米）处形成，向马达加斯加行进，风势越来越猛烈。但是，在1月5日转向南，以每小时9~11.5英里（15~18.5千米）的速度行进。在马达加斯加和非洲留尼汪岛中间穿过，到达距离留尼汪岛150英里（240千米）的地区，幸运的是，没有袭击留尼汪岛的任何岛屿。1月6日风更加猛烈，达到5级。风眼气压降到930毫巴，风速达到每小时140英里（225千米），强风达到每小时168英里（270千米），掀起的海浪达20英尺（6米）高，风眼直径为25英里（40千米）。

1994年袭击马达加斯加的台风（或气旋）"杰拉尔达"更凶猛，被称为20世纪气旋。强风达到每小时220英里（354千米），引发倾盆大雨，造成70人死亡，50万人无家可归，全国主要港口几乎全部被毁坏，2/3的农田被洪水淹没。其他的气旋同样也很猛烈。1994年5月2日，以每小时180英里（290千米）的风速向北行进的气旋越过孟加拉国恒河口，造成200多人死亡。如果事先没有提前发布警报、组织撤离的话，也许造成的死亡人数更多。另一次气旋于1991年4月30日发生在孟加拉国沿海岛屿，气旋来势凶猛，还来不及发出警报，就已造成13.1万人死亡。

跟所有的热带气旋一样，这些东半球气旋都是在纬度5°~20°形成。但是与大西洋不同，大西洋热带气旋在赤道以南形成，太平洋热带气旋在南北半球都可以形成。太平洋热带气旋在南北半球先向西行进，然后离开赤道，在北半球转向北，在南半球转向南。当然，在南半球，科里奥利效应会使风围绕风眼按顺时针方向旋转。

太平洋地区的台风会向人口稠密的陆地行进。气旋越过印度、巴基斯坦、孟加拉国等国沿海，穿过阿拉伯海向北行进，到达阿曼。在赤道南部，气旋向马达加斯加行进。一些行进到岛屿的西部，进入马达加斯加和莫桑比克之间的莫桑比克海峡。1994年3月发生在莫桑比克的台风造成150万人无家可归。

孟加拉国屡遭台风侵袭

恒河是印度最大的河，其水流缓慢，水位变化很大。在干燥的冬季，水量少，水位低。但是，在春天，喜马拉雅山融化的雪水使水位上涨。在夏季，季风带来大量的雨水，水位达到最高。一年中，气旋最可能在这一季节在孟加拉湾以南地区形成。尽管亚洲季风在印度最强，但是它会影响整个亚洲南部。热带非洲也会有季风季节，但规模不大。

孟加拉国大部分地区地势低，由于受到洪水沉积的淤泥的滋养，平原土地肥沃。在孟加拉国，恒河被称作博多河，它与印度的另一条大河——布拉马普特拉河相汇合。布拉马普特拉河在孟加拉国叫做贾木纳河。两条河流汇合在一起，叫做梅克纳河。许多小支流流入梅克纳河，汇聚在一起，流入海洋。

在河水流入海洋的地方形成大三角洲。梅克纳河的河流入口处不止一个，有许多支流蜿蜒流过迷宫似的岛屿和了无人烟的沼泽地。三角洲北部炊烟缭绕，人们生活在建筑在土台上或堤岸上的房屋里，以避免所有河道汇聚在一起时可能引发的季节性洪水的袭击。

孟加拉国是世界上人口最密集的国家之一，每平方英里有2000人（每平方千米平均有772人），大多数居民居住在农村。河附近村庄和三角洲北部地区的渔民主要靠捕捉淡水类产品为生。每当气旋袭击时，他们几乎没有防护措施。1994年4月17日，热带风暴过后，科克斯巴扎尔城镇的200名渔民下落不明，估计有可能被淹死。1991年的气旋造成13.1万人死亡，沿海岛屿5000名渔民下落不明。最惨痛的一次是1970年11月的气旋，造成50万孟加拉人死亡，这是20世纪最惨痛的自然灾难之一。

亚洲南部和东部

亚洲南部和东部是最容易受台风袭击的地区。台风到达印度尼西亚东部后，向北转，直奔菲律宾、越南、中国、朝鲜和日本。在1994年，风速为每小时85英里（137千米）的弱台风就造成中国台湾10人死亡，但是台风若是在中国东海的话就会更加凶猛。同年8月20日、21日，台风"弗雷德"袭击了中国浙江省，持续时间达43小时，造成大约1000人死亡，财产损失估计达11亿美元。1990年中国福建省和浙江省遭受台风"燕西"袭击，造成216人死亡。同年，中国浙江省遭受台风"亚伯"袭击，造成48人死亡。1991年袭击中国南部的台风"艾米"造成至少35人死亡。

中国台湾位于中国东海的南端，是形成于中国南海的热带气旋向北行进的必经之路，再往北是日本岛。日本位于北纬30°~45°，大部分时间很安全，但偶尔会受到台风的袭击，不过到达日本的台风已减弱，成为热带风暴。但是台风的能量经常保持的时间足够长，足可以行进相当长的路程。

1953年位于北纬35°以北的日本本州岛的名古屋遭受台风袭击，造成100万人无家可归。比这更惨重的是1954年日本最北部的北海道遭受热带气旋袭击，造成1600人死亡。1959年9月日本名古屋遭受了日本现代历史上最惨重的台风袭击，这次台风被命名为台风"薇拉"，造成4000多人死亡，150万人无家可归。

藤原效应

　　偶尔地，彼此相距 900 英里（1448 千米）的两股台风也会同时袭击某地，它们环绕共同的中心旋转，同时又彼此相互作用。这就像两颗恒星环绕它们中间的共同引力中心旋转一样。如果这两股台风规模大致相同，它们环绕两个中心旋转的轨迹也就大致相同；如果一股台风比另一股台风规模大，它们就会环绕规模较大的台风中心旋转，这样规模较大的台风就会吸引规模较小的台风。

　　这种现象在大西洋也会发生。1995 年 8 月 23 日，正当热带风暴"艾丽丝"袭击向风群岛时，飓风"亨伯托"紧随其后。热带风暴"艾丽丝"风势减弱，略微转向南部，而飓风"亨伯托"向北行进。当二者相遇一起围绕共同的中心旋转时，两个势力都有所减弱，最后分离。大约一星期后，热带风暴"艾丽丝"行进到百慕大群岛东侧，正向北部行进时转变为飓风。热带风暴"卡伦"

从后面追上,与飓风"艾丽丝"会聚在一起,二者开始旋转。热带风暴"卡伦"势力较弱,因而飓风"艾丽丝"吸引住热带风暴"卡伦"。

2001年9月6日、7日,两个太平洋风暴——风暴"吉尔"和风暴"亨丽埃塔"相遇,共同围绕中心旋转。幸运的是,两个风暴都没有抵达陆地。

日本的天文学家藤原作平是第一次世界大战后日本东京大学的教授,也是日本天文协会的会长。他是第一个描述两种风暴一起旋转的现象的人,因此这一现象就以他的名字来命名,叫做藤原效应。

发生在东亚的台风案例

1959年第8号台风（日本称伊势湾台风）登陆日本时风力达65米/秒，横扫全日本，成为给该国造成最大损失的台风。受灾区广达数县，尤以第三大城市名古屋为最重，几乎成了一片废墟，名古屋到东京之间的东岸地区，全部被高达6米的浪潮所淹没。火车停开，机场关闭，狂风挟带大潮将一艘7000吨的货轮推上了海岸，摧毁了近6000栋房屋。这次台风造成4464人死亡，2000人失踪，32 285人受伤，约40万人无家可归。

2004年10月9日代号为"马鞍"的台风袭击了日本关东地区。"马鞍"中心附近最大风力达到了44米/秒，是近10年内袭击日本东海岸的最强烈的台风。台风经过的地区出现了暴雨和山体滑坡，造成数人死亡，交通深受影响，灾情最严重的是东京和本州中部的静冈和爱知，街道变成了河流，一些树木被连根拔起。

2004年10月20日，日本中西部地区遭受了近10年内最猛烈的23号强台风"蝎虎"的袭击。这次台风共造成77人死亡，28人失踪，297人受伤；还造成35栋住宅全部毁坏，78栋住宅不同程度受损，283处山体或崖壁坍塌，8000多栋建筑物进水。同时，这次台风还造成一些国家历史文化遗产的损坏，其中包括京都最古老的寺院——清水寺。

2002年9月席卷韩国的"鹿莎"台风造成200多人死亡或失踪，经济财产损失达到创纪录的17.5亿美元。纵贯韩国全境的铁路运输大动脉——京釜铁路，由于铁路桥的桥墩被洪水冲走而坍塌，近一半的路段不能正常行走。另外，岭东线、旌善线也各有部分路段的桥墩被毁，全国有27处铁路被泥沙掩埋或被

149

洪水淹没。受山体滑坡和洪水影响，韩国的高速公路网有27处发生中断，国道也中断了84处。

2003年第14号台风"鸣蝉"自9月6日在关岛西北约400千米的太平洋上生成后，在向西北方向移动过程中强度不断增大，9月12日下午开始影响朝鲜半岛南部地区。台风"鸣蝉"在韩国南部沿海登陆后，以强劲的风力向东偏北方向移动，所到之处风雨成灾，造成大量山体滑坡、房屋倒塌、道路毁坏和船只沉没等。

台风"鸣蝉"给韩国造成了巨大的经济损失。"鸣蝉"影响韩国时，台风最大风力达到60米/秒，横扫了朝鲜半岛东部和南部的部分地区，对当地生活造成极大破坏。专业部门对某些地区发布了洪水警报，约2000人被迫疏散。台风迫使4座发电厂停止运转，致使140万户家庭断电。

发生在我国的台风案例

"7508"特大暴雨的"元凶"

1975年8月1日,第3号台风给我国台湾阿里山带去的降雨量24小时达到1748.5毫米,超过了我国历史上24小时的最大降雨量。其后深入内陆,给所经之地造成各种灾害。受其影响,8月4日河南省南部一带发生罕见特大暴雨。据统计,在这场特大暴雨中,河南省驻马店地区板桥、石漫滩2座大型水库,竹沟、田岗2座中型水库,58座小型水库,在短短数小时内相继垮坝溃决。河南省有30个县市、1780万亩农田被淹,1015万人受灾,超过2.6万人遇难,倒塌房屋524万间,冲走耕畜30万头。境内纵贯中国南北的京广线被冲毁102千米,中断行车16天,影响运输46天,直接经济损失近百亿元。

事后经分析,发生这次特大暴雨的主要原因有以下三个方面:

(1) 北半球西风带大调整。1975年8月份恰遇澳大利亚附近南半球急流向北半球爆发,西太平洋热带辐合线发生北跃,致使此台风没有像通常那样在陆地上迅速消失,而以更快的速度越江西,穿湖南,然后在常德附近突然转向,北渡长江直入河南境内。

(2) 驻马店地区特殊的喇叭口地形。台风在伏牛山脉与桐柏山脉之间的大弧形地带停滞少动,因为这里有三面环山的马蹄形山谷和两山夹峙的峡谷。喇叭口地形有利于南来气流在这里发生剧烈的垂直运动,并与其他天气尺度系统配合,造成河南历史上罕见的特大暴雨。

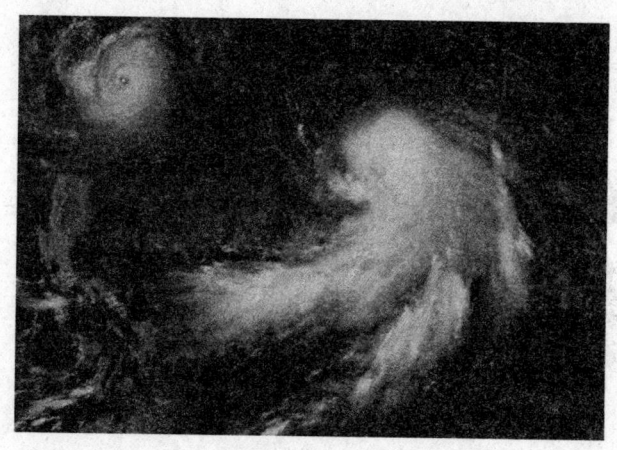

(3) 政府防灾减灾经验不足。1975年新中国成立时间还不是很长，我国的气象科学尚处于探索研究阶段，预报人员经验不够丰富，没能对台风的路径和强度做出准确的预报。另外在当时水库建设中"重蓄水灌溉，轻河道治理"，部分水库建设中又搞"多快好省的典范"，违背了科学规律，防洪标准较低，致使洪水冲垮多处水库。再加上政府尚未建立一套完整的防灾减灾保障体系，通信工具也不发达，导致撤离不及时酿成惨剧。

20世纪80年代以来典型台风

1. 1986年第16号台风

1986年第16号台风是多年内路径最异常，持续时间很长的一次非常特殊的台风。它自1986年8月16日在菲律宾吕宋岛生成后，向偏西方向移动，很快出岛，并于当日加强成台风。台风先向南移而后又折向西北，途中于19日加强成强台风，以后沿广东近海转向东北，穿过台湾岛后又在宫古岛附近突然南落，并折向西南，以后在南海东北部和巴士海峡这一面积不大的海域内回旋打转，延续了20天，强度时而加强成强台风，时而又减弱成热带低压，后又再度加强成强台风，最后西行，穿过琼州海峡，经过北部湾，于9月6日到达越南，前后共历时22天。该台风曾三次登陆我国，第一次是于8月22日8时登陆台湾彰化、嘉义，第二、三次分别在9月5日10时与12时，一前一后在海南文昌和广东徐闻登陆。三次登陆时强度都很强，中心最大风速均达38米/秒（12级）以上，中心最低气压为965百帕和963百帕。此台风路径的曲折，强度的反复变化都是多年内罕见的。由于它长时间回旋在我国南海东北部和巴士海峡海域，而且登陆时强度又很强，造成了广东、台湾两省长时间大暴雨、大风和风暴潮，影响十分严重。

在台风和风暴潮的双重影响下，雷州半岛东岸的海堤几乎毁坏殆尽，冲垮了830条总长209千米的海堤，受灾虾塘90处、面积1000平方千米，沉损船只1000余艘，失踪124艘，倒塌房屋24万间，死亡20人，受伤363人。据广东防灾部门统计，此次台风所造成的总经济损失达4.7亿元。而其中仅湛江市经济损失就达2.6亿元。

2. 2004年第14号台风"云娜"

2004年第14号台风"云娜"，8月12日20时在浙江省温岭市石塘镇登陆，登陆时中心附近最大风力12级，风速45米/秒，是1997年以来登陆我国最强的台风之一，随后在浙江台州、温州、丽水和衢州一路肆虐，时间长达13小时，给浙江省造成了惨重的人员和财产损失。

12日，浙江省中南部沿海海面和浙北沿海海面分别出现12级以上和9～11级大风，东部沿海地区出现了9～12级大风，其中台州沿海地区达12级以上。风力最大的大陈岛达58.7米/秒，创历史最高纪录。从11日8时到12日20时，浙江省有10站降雨量超过200毫米，其中温岭市坞根到21时降雨量达到303毫米。

台风造成水利、交通、电力、电信等基础设施受到不同程度的毁坏，台州市区全部停电。164人不幸遇难，24人失踪，受灾人口达1299万人，直接经济损失达181.28亿元。遇难的164人中，因房屋倒塌遇难的人数为109人，因山洪暴发、泥石流遇难的28人，被风刮倒遇难的9人，遭洪水而遇难的12人，因电杆吹倒或触电遇难的5人，其他原因遇难的1人。在此次台风中，浙江全省共有75个县（市、区）、765个乡（镇）受灾。浙江全省共紧急转移群众46.79万人，组织了9900余艘出海船只回港避风，稍稍减轻了台风造成的损失。

由于"云娜"造成的巨大灾难，2004年11月在我国上海召开的台风委员会第37届会议上决定，将"云娜"作为永久命名从台风命名表中删除。

3. 2005年第9号台风"麦莎"

2005年第9号台风"麦莎"，8月6日凌晨3时40分在台州市玉环县干江镇登陆，中心最大气压950百帕，登陆时台风中心附近最大风力达12级以上（45米/秒）。

由于"麦莎"台风强度强，影响范围广，降雨量强度大，又恰逢天文大潮期，因此给浙江省造成了严重的损失。温州、台州、宁波、舟山、丽水、嘉兴、湖州、绍兴8个市49个县（市、区）、623个乡镇、840.3万人受灾，倒塌房屋13 108间。因灾死亡2人，失踪2人。农作物受灾200.5千公顷，减收粮食24.1万吨；水产养殖损失面积47.9千公顷，损失水产养殖产品27.7万吨；工矿企业停产63 470家，公路中断178条，毁坏公路路基（面）266.1千米，损坏输电线路558.9千米，损坏通信线路465.3千米；损坏小型水库和山塘水库21座、损坏堤防1017处221.6千米，堤防决口106处17.6千米，损坏护岸542处，损坏水闸111座，冲毁塘坝72座，灌溉设施1176处，损坏机电井36眼，损坏水文测站24座，损坏机电泵站201座，小水电站64座。造成直接经济损失达65.6亿元，其中水利设施直接经济损失4.8亿元，工业直接经济损失15.8亿元，农业直接经济损失27.5亿元。

"麦莎"在浙江肆虐后，减弱为热带风暴，于6日22时进入安徽境内，安徽省部分地区发生不同程度的风灾和雨水灾害。76万人受灾，1人死亡，全省紧急转移8672人；农作物受灾75万亩；直接经济损失3.73亿元。"麦莎"在安徽逗留16小时后进入江苏境内，苏州、无锡、南通、常州、南京、镇江、扬州、泰州等地发生了强风大暴雨天气，部分地区风力达12级。"麦莎"波及江苏8个省辖市的75个县（市、区），全省受灾人口543万人，成灾人口233万人；因灾紧急转移安置人口18.8多万人；倒塌房屋9351间，其中倒塌民房

3165间，损坏房屋23 743间；农作物受灾面积39万公顷，成灾面积22万公顷，绝收面积8462公顷；灾害造成的直接经济损失达12亿元。

"麦莎"从江苏移出后，一路北上，影响了山东、河北、天津、北京，最后在东北地区减弱消失。此次台风强度之大，影响地区之多，造成损失之重，都是影响我国的台风中所罕见的。

4. 2006年第8号台风"桑美"

2006年第8号热带风暴"桑美"，8月5日20时在西北太平洋洋面生成，7日8时加强为强热带风暴，7日14时发展为台风，9日11时发展为强台风。9日18时，"桑美"发展为超强台风，中心附近最大风力达60米/秒（17级）。8月10日下午17时25分在浙江省苍南县马站镇沿海登陆，登陆时中心附近最大风力为60米/秒（17级），中心附近最低气压920百帕。"桑美"超强台风是有历史记录以来登陆浙江最强的台风，给浙江、福建等省造成了严重的人员和财产损失。

与"桑美"同时存在的还有"宝霞""玛莉亚"，其中"桑美"和"宝霞"之间形成了双台风效应。双台风效应是指两个台风靠近（两个台风的距离一般在7~15个经纬距）时，它们将绕着相连的轴线成环状，且互相做反时针方向旋转，旋转中心的位置依两个台风的相对质量及台风环流的强度来决定。旋转时通常一个走得快些，另一个走得慢些，有时亦可能合二为一。

超强台风"桑美"共造成浙江省242.6万人受灾，因灾死亡87人，失踪52人（其中温州市苍南县死亡81人、失踪9人，平阳县失踪2人；丽水市庆元县死亡4人、失踪41人，龙泉市死亡2人），紧急转移安置100.1万人；倒塌房屋2.1万间，损坏房屋8.2万间；因灾直接经济损失47亿元。

"桑美"袭击福建时正碰上天文大潮，福建北部沿海出现风、潮、雨"三碰头"。由于"桑美"在其境内停留的时间长，强度又大，福建省受灾严重，部分地区交通、通信陷入瘫痪。东北部发生特大暴雨，多条江河发生超危险水位洪水。据统计，从10日上午8时至11日清晨5时，降雨量在50~99毫米的有9个县（市、区）；降雨量在100~199毫米的有3个县（市、区）；降雨量在200毫米以上的有4个县（市、区），其中降雨量大于300毫米的有柘荣县320毫米，福鼎市314毫米。柘荣、福鼎两县市12小时内降雨都超过300毫米，相当于全年降雨量的20%～25%。狂风暴雨给福建省宁德市带来了很大灾难，因灾死亡17人，失踪138人，宁德9县（市、区）共有117个乡镇遭受不同程度损失，受灾人口达133万人；倒塌民房3.3万间；损坏房屋1.9万间；农作物受灾面积55.7千公顷；损坏堤防129处5.59千米，直接经济损失达42.9亿元人民币。

其他台风事例

历史上，我国遭受台风影响的事例还有不少，下面选取一些，供读者参阅。

明成化十年（1474年）7月戊午夜，漳州暴雨洪涝"淹至城垣，浮尸蔽江，飓风坏虎渡桥"。成化十九年（1483年）6月19日，霞浦、宁德、罗源、福州、连江、长乐、永泰等地受台风袭击，"拔木发屋塘田俱毁，民众溺死；莆田海溢田禾淹死"。

1905年（清光绪三十一年）9月1日台风登陆上海时，遇日全食异常，引起罕见的特大风暴潮，吴淞口潮位高5.55米，崇明、川沙、宝山等地淹死2.6万人。南汇"死千余人，庐舍、牧畜、浮胔漂没无数"。《中外日报》载南汇来函，"初三日晚飓风挟潮，南邑海溢，漫过圩塘，并有数处，冲成缺口，自沙岭以东，水高二三丈，如是者二团至七团，南北四十里，东西阔者十四五里，最狭处四五里，漂没沙民无数，间有踞屋顶，抱门板，漂至沙岭得生者，亦嗷嗷待哺，朝不保暮"。据《江苏省通志稿·灾害志》载，在这次罕见的台风风暴潮灾中丧生的人数是：崇明1.7万余人，川沙5500人，宝山2500余人，南汇1000人，总数为2.6万人。《中外日报》当时报道："现在死者暴露，棺殓不验，且将漂泊入海，尸骸无著，而生者亦庐舍荡然，风餐露宿，沉灶产蛙，炊烟俱断，深恐不日亦将就毙。如此奇灾，近百年来所未有。"

1930年8月3～4日，一个登陆福建的台风北上后在辽宁义县复兴堡24小时降雨达1300毫米，成为我国东北地区历史上24小时最大的降雨量。

1956年8月1日，编号为5612的台风登陆浙江象山时风力达55米/秒，造成5000余人死亡。

1973年9月14日，编号为7314的台风登陆海南岛时，台风中心附近风力达60米/秒，使琼海县城夷为废墟。

1974年，编号为7413的台风引起百年一遇的潮水，造成浙江地区136人死亡，53人失踪。

发生在南亚的台风案例

1876年10月,发生于孟加拉湾的热带风暴,击沉了所有经过海面上的船只,又毁坏了吉大港这座城市,巨大的海浪把海水灌到了远离海岸1万米的地方,使10万人死于这场灾难之中。

1970年11月12日,一个诞生于印度洋上的热带风暴,给孟加拉国带来了一次空前猛烈的袭击,这次风暴使30万人丧生,100万人无家可归,28万头牲畜淹死。

1991年4月29日,一个强烈的孟加拉湾热带风暴,以66.7米/秒的速度席卷了孟加拉湾沿海及其所有的岛屿。强大的孟加拉湾热带风暴,引起了孟加拉湾北部的海啸,掀起的滔天巨浪高达6~9米。

1999年10月29日，一个热带风暴袭击了印度的奥里萨邦，以83.3米/秒的大风横扫内陆，引起了7米高的潮汐大潮，使20千米范围内的一切荡然无存，4万人丧生。

2005年9月，一个较弱的热带风暴袭击了印度和孟加拉国。风暴造成的暴雨在印度南部沿海的安得拉邦引发洪水，导致10万人无家可归。

乔迪斯勘探船面对极地飓风

乔迪斯勘探船是进行海底研究的一艘船。每次出海都需要52名船员、大约20名工程师和技术人员以及30名科学家。乔迪斯（JOIDES）是联合海洋机构地球深层取样（Joint Oceanographic Institutions for Deep Earth Sampling）的缩写词，由于它难于记忆，所以现在改为海洋勘探项目（ODP）(Ocean Drilling Program)。海洋勘探项目是一个国际科学项目，包括勘测从海底岩心所钻取的岩石和沉积物。乔迪斯勘探船上所做的工作只是海洋勘探项目的一部分。乔迪斯勘探船可以勘测海洋27 000英尺（8.2千米）深处，可以搜集世界四大洋的海底岩心。

乔迪斯勘探船甲板上有钻塔和叫做"月亮池"的23英尺（7米）宽的洞，钻探用绳索可以通过这个洞穿透船体。乔迪斯勘探船船体巨大，构造坚固，最初是在加拿大的新斯科舍的哈利法克斯建造，1978年开始使用，用来勘探石油，取名为SedcoBP471。后来，这艘船又重新改装设备，1985年被海洋勘探项目利用，用于科学勘测。乔迪斯勘探船从船首到船尾长469英尺（143米），宽68.9英尺（21米）钻塔塔顶距离水面202英尺（61.5米）。乔迪斯勘探船归为海洋钻井有限公司所有。

不论是石油勘探还是科学勘探都需要在恶劣的天气中工作，乔迪斯勘探船十分牢固，能抵挡海洋上的任何天气。然而，1995年的秋天，它在大西洋的一次风暴中差一点沉没。

乘载120人的乔迪斯勘探船9月下旬从冰岛启航，驶向北冰洋格陵兰岛东部的格陵兰海。开始航海时平安无事，然而，天气突变。船长爱德温.D.乌纳克不得不多次敏捷地操纵船只，躲避从格陵兰岛冰川漂流下来的冰山。

气压急剧下降，东部有猛烈的风暴，南部又有另一个猛烈的风暴。乔迪斯勘探船本应该在格陵兰岛海岸躲避一下，但是，由于乔迪斯勘探船和海岸之间有冰山，船不可能靠近海岸。乌纳克船长别无选择，只得顶着恶劣天气前行。他的决策起不到什么作用，因为两个风暴会合在一起，气压继续下降，风速持续增加。

风暴肆虐了两天，最高风速达每小时115英里（185千米），掀起70英尺（21米）的海浪，形成一堵水墙。船在风浪中颠簸起伏，一会冲上浪尖，一会落进波谷，有时螺旋桨悬空拍击不到水。瞭望台不得不用绳索紧紧缚住，安置在船尾观察冰山，因为船有时会以每小时4英里（6.4千米）的速度被海浪吹回来。一天半后，乔迪斯勘探船仍然有沉没的危险。最后风暴减退，船缓慢地驶向海港，进行维修。

温带飓风

温带气旋虽然不是热带气旋,但是跟热带气旋一样凶猛。其风速超过每小时115英里(185千米),风暴风力为12级(12是按蒲福风级别而划分的飓风风力)。在低纬度地区,相当于3级飓风。这种风力足可以使大树连根拔起,摧毁住房。1954年瑞典天文学家托·贝尔热伦称具有这种风力的风暴为温带飓风。

令人遗憾的是,这个名字容易使人糊涂,因为它用来描述一种以上的热带气旋(或飓风)在离开热带后,不久就会失去原有的一些重要特征。雷暴会消失,飓风直径会显著增加,最强的风没有靠近风眼。从前的热带风暴现在转为"温带飓风"。

这种风暴的风速相当小,但是有时也可以达到飓风风力,特别是由于两个热带飓风行进的速度不同,在它们独自离开热带后,改变了原有的特征,第二个飓风追上第一个飓风,然后汇合到一起。汇聚在一起的飓风通常会产生巨大、极危险的风暴灾难。这种温带气旋通常在新英格兰或加拿大沿海形成,有的也越过大西洋,给欧洲造成灾难。

离开热带的热带气旋有时会重新恢复能量,这是形成温带飓风的另一种方法。当热带气旋离开热带时,越过凉爽的水面。水慢慢地蒸发进入气旋,降低了对流云的运动,削弱了热带气旋。如果热带气旋没有遇到冷锋的话,就会完全消失。当热带气旋遇到冷锋时,气旋中的暖空气沿着冷空气的倾斜边缘向上升。当上升的空气绝热冷却、水蒸气冷却释放潜热时,空气上升就会引起新的对流圈和对流变暖。快要消失的气旋就又恢复了能量,又一次拥有了飓风的能量,继续前行。

这些都不是贝尔热伦所指的"温带飓风"。他描述的温带飓风不发生在热带,而是在离热带很远的地方形成。

这种温带飓风发生在南极和北极地区,然而,它们在某种程度上与热带气旋很相似。在南非最南端的合恩角,由于气旋风暴会在这里导致经常性大风,所以水手把这一纬度地区取名为"咆哮的40°地区""暴怒的50°地区"和"尖叫的60°地

区"。这种经常刮大风的地区不仅仅局限于合恩角的南部,也遍布于世界各地。合恩角经常刮大风是因为南非位于突出的狭长地带,在巴拿马运河建造之前,穿行于太平洋和大西洋的船只只得绕过合恩角。在南极洲伯德站,1年当中有2/3的时间猛烈地刮大风。南部海洋的风比北冰洋的风强烈得多,因为在南美洲的南端和南极半岛的北端之间没有大陆块,而在北冰洋,北美洲、格陵兰岛、斯堪的纳维亚半岛、西伯利亚陆地块都进入北冰洋,陆地减慢了风速,并使风偏斜。在南部没有陆地减慢风速,所以风吹得更频繁、更强烈。由于没有阻挡,风吹得更远。因此南部海洋的风会比北部产生更大的海浪。

偶尔地,造成温带飓风的气象系统也会给低纬度地区带来恶劣的天气。例如,1995年圣诞节前后,这种气象系统向南延伸,给苏格兰和英格兰北部带来严寒和大雪,苏格兰岛最北部的设得兰群岛降雪达30英尺(9米)深,使英国12月气温比平常月平均气温降低4°F(2℃)。

极地低压区

贝尔热伦描述的温带飓风通常在极地低压区形成，极地低压区是指形成于海冰边缘的相对低压区。尽管海洋上的气温接近冰点0℃，但是冰上气温可降到-40℃，这就是说水上空气和冰上空气的温差达40℃。当冰边缘有低压区时，冰上的冷空气及海洋上的暖空气就会被吸引到低压区，两种不同气温的冷暖空气会合到一起，会产生并维持风暴。这就是极地低压区。

在北冰洋，这种明显的温差相当常见。暖空气和洋流给北冰洋带来热量几乎是北冰洋吸收太阳辐射的热量的2倍，海洋里的水温从不低于-5.4℃，所以会有不断的热源。在北冰洋，极地低压区在冬天形成；在南极洲海洋，极地低压区一年四季都存在。

进入极地的热带空气和离开极地的极地空气温度有明显的差别，这两种气流在极地锋面相遇，暖空气沿对流圈上升，形成全球大气环流的基础部分。上升的空气产生地表低气压带。在南北半球，从极地吹向极地锋面的是东风，从赤道吹向极地锋面的是西风。

极地锋面两侧的温差可以形成与低压区有关的锋系（参见补充信息栏：锋

面）。如果在地图上用直线画出极地锋面，这些锋面似乎是主锋面上的波浪，低压区就在波浪的波脊上。这样的低压沿极地锋面重复形成，这样温暖的密度小的空气上升到寒冷的密度大的空气之上。当所有的暖空气都上升离开地表后，形成的锋面叫锢囚锋。这时，如果极大的温差造成大气扰动，强极地低压就会在锢囚锋后面形成。

在靠近极地锋面的冰上空气和海洋上空气温差大的地区，就会在海洋上形成深低压区。邻近高压区的空气被吸引过来，空气汇流后上升。这时由于科里奥利效应，空气开始旋转，这就增加了地表的温差，因为旋转会把极地锋面朝向极地方向的冷空气带进较暖的地区，也会把赤道的暖空气带进较冷的地区，这也是极地低压区。

极地低压形成温带飓风

与多数低压相比，极地低压很小。当极地低压形成时，直径不到600英里（965千米）。空气流入地表低压，然后上升，在高处流出低压。与热带气旋一样这种垂直运动加剧了空气的流动，使低气压规模减小直到形成直径不到200英里（322千米）的温带飓风。与此相比，中纬度地区低气压直径可以从100英里（160千米）到2000英里（3200千米）变化，但是，平均来说直径大约为1000英里（1600千米）。

在极地低压中心，地表气压不到970毫巴（海平面平均气压是1013毫巴），这相当于相当温和的飓风的中心气压。这一气压会保持每小时45英里（72千米）的风速，有时阵风达到每小时70英里（113千米），这远不及飓风风力。尽管气压较低，但是风速相当快。

温带飓风一旦形成，就跟热带飓风相差无几。温带飓风呈圆形，中心是没有云的风眼，里面的空气很平静。层层积云和雷雨云围绕风眼旋转，一直延伸到对流层顶。飓风之上，空气向外流动，形成长长的高空卷云。从太空看，它与热带气旋一样都像"旋转着的星系"。

然而，温带飓风与热带有区别。温带飓风比热带飓风持续时间短。它由极地低压形成，12～24小时后转为飓风。温带飓风一旦形成，就会以每小时35英里（56千米）的速度向相反方向行进，这是热带气旋速度的2倍。受强风的驱动，热带气旋由东向西行进，但是，高纬度的温带气旋从西向东行进。在北半球，这样的速度会把温带气旋带到大陆。温带气旋一旦到了大陆，就会减弱乃至消失，所以最多持续不到36～48小时。在南半球，这一纬度的陆地相当少，所以温带气旋向远处行进，这样可持续较长时间。

当温带飓风越过海岸时，狂风大作，带来大雪或雨夹雪天气。猛烈的风可以吹倒电线杆和树木，但不至于对楼房造成严重破坏。雨雪天气对交通和通信系统造成破坏。当温带飓风出现在海洋上时，风暴会对船只造成危险。

发生在美国的飓风案例

美国东濒大西洋，西临太平洋，东南靠墨西哥湾，易受源起东北太平洋、北大西洋和墨西哥湾等地飓风的影响，每年都会遭受飓风的危害，各种损失很重。

"卡特里娜"飓风来袭

"卡特里娜"飓风于2005年8月23日在加勒比海的巴哈马群岛生成，两天后以一级飓风首次袭击了佛罗里达州的大西洋沿岸。然后，"卡特里娜"从墨西哥湾温暖的水域中聚集了能量，逐步升级，沿墨西哥湾向路易斯安那州、密西西比州沿海地区快速移动。29日清晨，飓风"卡特里娜"在路易斯安那州的格兰德岛再次登陆，登陆前已经发展成五级飓风，风速曾高达280千米/小时。飓风登陆时，受陆地影响而减弱为四级飓风，风速也降到232千米/小时，随后飓风减弱成二级飓风，风速大约为168千米/小时。4小时后，飓风第三次登陆于路易斯安那州与密西西比州的边界。最后，飓风向东北方移动，于8月31日在俄亥俄州转化为温带气旋。据统计，受飓风直接影响而死亡的人数达1000以上，仅路易斯安那州就有700多人死亡。由于飓风的破坏，海上石油开采停顿，原本就高昂的世界油价进一步抬升，使2005世界经济增长放慢了脚步。

1. "卡特里娜"飓风灾害成因

在飓风登陆前36小时，美国气象部门已经进行了较准确的预报，但仍然没能避免重大伤亡。导致这次飓风致灾的两大原因是：天灾和人祸。

(1) 自然原因导致重灾。

首先,"卡特里娜"的规模较大。飓风"卡特里娜"与"查理"一样是四级飓风,"卡特里娜"影响云带有320多千米宽,但"查理"只有16千米。"卡特里娜"影响范围覆盖了从新奥尔良以西地区到佛罗里达州彭萨科拉的广袤区域。在2005年8月29日中午,从"卡特里娜"中心往外201千米的范围内,风力都达到了飓风级别。

其次,是因为墨西哥湾沿岸的地理状况。墨西哥湾北部海岸地势低平,因此容易遭到飓风所掀起的巨浪的袭击。新奥尔良市被墨西哥湾、密西西比河和庞洽特雷恩湖三面围绕,城市主要位于密西西比河与庞洽特雷恩湖之间,密西西比河环绕城市南部边缘,它蜿蜒向南通过三角洲,汇入墨西哥湾。庞洽特雷恩湖位于城市北部。博恩湖位于市区的东部,与墨西哥湾相连,这样的地理环境为飓风的进一步发展提供了良好的水汽条件。

另外,"卡特里娜"的推进速度相当缓慢,大约是每小时19~24千米。这么一来,"卡特里娜"拥有更多时间在海面上"兴风作浪"。综合这些因素,"卡特里娜"给新奥尔良造成极其严重的后果。

（2）人为原因加剧灾情。新奥尔良市始建于地势较高处，但随着城市的扩建，忽视了自然威胁，使工、商业区及大部分人都往低洼地带延伸、迁移，以至于80%的城区都低于海平面。人为造成灾害主要有以下五个方面：

其一，在城市建设中，新奥尔良把商业区、海边休闲观光区和住宅区设在海边，破坏了大片海边滩涂，使城市在海潮和洪水面前缺乏必要的缓冲。

其二，新奥尔良周围原来有大量湿地，这些湿地能够大量吸收降水，减轻洪水侵袭的强度，保护城市，但在城市建设中排干了大部分湿地，而密西西比河挟带的淤泥，本来可以缓慢地沉积在入海口，进一步增加城市的缓冲层，但现在却被引入管道加速冲走。

其三，新奥尔良市三面环水，市内低于海平面，其安全依赖于环绕城市约560千米的防洪堤。飓风"卡特里娜"登陆时，大部分市民依旧抱着侥幸心理躲在家中而不是及时疏散。政府尽管发出了警报，却没有做好防洪堤被洪水击破的准备，洪水进入城市后也反应迟缓。

其四，新奥尔良市被困的居民多数是穷人，没有私人交通工具，因此他们几乎没有可能在灾前离开，而政府也没有在灾前把这些人转移出城。

其五，当地石化企业为了节约成本，在靠近港口的海边设立了大量炼油厂、原油仓库、化学品加工厂。"卡特里娜"袭来时，这些工厂和仓库大部分都被风暴潮淹没，使袭向城市的洪水变成了污水和毒水，更加重了对人们的危害。

2. 对美国的政治影响

袭击美国南部的"卡特里娜"飓风是继"9·11"之后在美国本土死亡人数最多的灾害，这一灾害揭示了美国国内的一些深层次的矛盾。

2005年9月1日布什只是乘"空军一号"低空考察了飓风灾区，但没有实地视察，由此遭受了各界潮水般的批评。9月2日布什才去视察路易斯安那、密西西比和阿拉巴马三州的灾区。视察后布什承认灾情"比想象的更糟糕"，而政府的反应"不足"，联邦紧急救难署严重失职，救灾结果"令人不能接受"，他向公众表示道歉，并承诺进一步做好救灾工作。

3. 对美国经济造成严重影响

由于飓风所袭击的墨西哥湾地区是美国最重要的能源生产基地，美国12大港口中，有5个港口位于此区域；飓风所摧毁的新奥尔良市为美国重要的观光城市，飓风对美国的能源产业、港口运输业及观光航空业造成了严重的破坏。

（1）能源产业：飓风袭击的墨西哥海湾地区，是美国最重要的能源生产基地，其石油与天然气生产量约占美国25%，石油提炼能力更占全美国的47.4%，美国矿产管理局在2005年8月31日指出，在墨西哥湾地区，92%的石油生产厂将关闭一段时间，另外占美国油料产量大约9%的9个炼油厂也要关闭一段时间。佛罗里达州用于发电的天然气，大部分来自墨西哥湾的天然气生产井。受飓风影响，这些天然气井被关闭。8月31日，该州的电网监管部门命令公用事业公司动用后备电力。

（2）贸易与农业：美国的进出口贸易遭到了"卡特里娜"的重创。以载货吨位计，位于风暴眼的南路易斯安那码头排名世界第五、美国第一，而路易斯安那州的5个主要码头也担负着全美1/4以上的水运出口，该州也是美国谷类作物最大的出口中转站，有40%的谷物通过这里流向国际市场。由于运输能力

遭到了破坏，对美国2005年的GDP产生了短期影响。"卡特里娜"飓风还对美国中西部的"玉米带"造成了不利影响。美国出口的玉米、大豆和小麦，大多数都是通过密西西比河，运送到路易斯安那州的港口。运输能力的破坏对农民和谷物加工商都造成损害。

（3）观光、航空业与赌场：美国航空产业在"9 11"事件之后财务就相当吃紧，石油价格的上涨又导致航空业成本大幅提高。"卡特里娜"飓风摧毁了墨西哥湾地区大多数机场。新奥尔良市是美国主要的观光城市，航线占美国国内线比重不轻，飓风所造成的航班取消，使得航空业受到进一步的打击。"卡特里娜"飓风发生后两星期，泛美航空与西北航空同时于2005年9月14日宣布进入破产保护。

"卡特里娜"飓风也给墨西哥湾沿岸的很多赌场带来了沉重打击。暴风雨引发的洪水冲垮了墨西哥湾码头边及岸边的众多赌场设施。拉斯维加斯的哈拉娱乐公司在新奥尔良市的一家大型赌场和位于比洛克西和加佛港的两家赌场被冲垮。

此外，美国政府对"卡特里娜"飓风所造成的紧急困难的救助、后续医疗、失业、教育与房屋等支出，超过1000亿美元。1000亿美元虽占美国年度政府预算2.5万亿的4%，比重尚轻，然而美国财务赤字连续几年不断扩大，2004年财政赤字为4120亿美元，布什政府原希望在2005年改善财政赤字至3330亿美元，但是"卡特里娜"飓风所造成的1000亿美元支出，使得2005年美国财政赤字恶化了30%。

4. 对世界经济的影响

"卡特里娜"灾难与其他灾难的区别在于，它不仅仅是一个地区性的灾难。

美国在世界经济上处于龙头地位，"卡特里娜"飓风对美国经济产生了影响，也在一定程度上撼动了世界经济的神经。

（1）对世界石油价格产生短期影响。因"卡特里娜"飓风严重地损坏了美国最重要的能源基础设施和美国主要的海运通道，而"湾区海岸带"占美国炼油能力的17%和每天原油运输量的1/4，美国从沙特阿拉伯进口的原油大部分经过路易斯安那州，所以飓风"卡特里娜"对全球经济的影响，最主要还是在油价方面。飓风发生后两天，墨西哥湾的石油日产量减少了1.328百万桶，天然气的日产量则减少了72.48亿立方英尺/日（2亿立方米/日），墨西哥湾约有85%的石油生产与72.5%的天然气生产都因飓风而暂停，石油与天然气减少产量分别占全球1.7%与2.8%。纵观2005年的前几年，全球石油供需一直相当吃紧，2001—2004年，全球每日供给仅微幅地大于需求，供需结算后平均仅有数十万桶的多余供给，仅占全球石油总需求的0.1%~1%。在全球石油供需相当吃紧的情况下，若全球供给有0.1%~1%受到影响时，就会造成供不应求，对价格的影响程度更大。本次飓风在发生后对全球石油产量产生1.7%的冲击，其影响可谓相当大。

（2）间接影响不能忽视。尽管从宏观经济方面来看，虽然"卡特里娜"给美国经济带来的损失不会伤及其"筋骨"，但其间接影响不容忽视。因美国经济的强大，有"美国打喷嚏，全球患感冒"一说。美国政府因为灾区重建进一步增加了政府债务和财政赤字，使美元进一步走跌，汇率市场动荡对全球经济产生了不容忽视的间接影响。

加尔维斯顿悲剧

如果以丧生人数为测量标准的话，在美国历史上损失最惨痛的热带气旋是在1900年从8月27日持续到9月15日的那一次，但是破坏的时间只有几小时。这次风暴在加勒比海形成，穿过墨西哥湾，9月8日到达得克萨斯州的加尔维斯顿。风速达到每小时77英里（124千米），阵风风速达到每小时120英里

(193千米)。它看上去不是最猛烈的飓风,但是跟多数飓风一样,它带来了风暴潮,正是飓风带来的雨水造成大部分的破坏。

加尔维斯顿是位于加尔维斯顿岛的一个港口,现在是旅游胜地。加尔维斯岛把加尔维斯湾和墨西哥湾分开。加尔维斯顿宽3英里(5千米),平均高度在海平面4.5英尺(1.4米),岛屿最高点在海平面8.7英尺(2.6米)。1900年加尔维斯顿有将近4万人口,那里经济繁荣,美国2/3的棉花作物和大量的粮食作物都在那里运营。

当时,美国气象局已经发出风暴即将来临的警报,但是加尔维斯顿市民没有太在意。9月8日星期日黎明时分,大风呼叫,暴雨倾泻,气压也随之迅速下降。一些人离开岛屿,另一些人在市中心大楼里躲避风雨,但是有许多人早晨在海边徘徊,对冲向海岸的巨大激浪感到很惊奇。接近中午,风以每小时50英里(80千米)的速度猛烈地吹,开始由北风转为东风,这有利于风暴潮的积聚。

随着暴风风眼渐渐接近,海平面上升。到中午时,横跨岛屿和大陆的桥梁被淹没,这样就阻断了唯一的逃生路线。下午,破坏力巨大的风摧毁了海滨附近的建筑,不一会,整座城市被深4英尺(1.2米)的水淹没。多数用木头建造的房屋地基被风吹垮,散了架,横梁板和房屋其他残骸被卷入空中,打死或

打伤一些正在逃生的人。直到晚上22点钟，风渐渐减弱，飓风才开始离开。

第二天一大早，人们开始查究受灾地区和受损状况。2600多座房屋被毁，1万人无家可归，至少8000人死亡，5000人受伤。只有几个砖建筑没有被吹倒。加尔维斯顿城大部分成为布满木头和瓦砾的废墟。

加尔维斯顿城遭受这次风暴后，经济地位减退。当然，除了飓风造成的破坏是一个原因外，还有其他原因。作为一个港口，加尔维斯顿竞争不过其他内陆城市，特别是无法与休斯敦相抗衡。1900年飓风后，加尔维斯顿城建造了一座长10英里（16千米）、高17英尺（5.2米）的防潮堤，用来抵挡飓风。沿防潮堤建造了一条宽敞的林荫大道，这更增添了旅游胜地的休闲氛围。当1915年8月又一次飓风袭击时，尽管防潮堤起了一定的防护作用，但是12英尺（3.7米）高的风暴潮淹没城市达5～6英尺（1.5～1.8米）深，这次风暴造成275人死亡。

袭击加尔维斯顿最凶猛的一次飓风发生在1961年9月，防潮堤又一次起了一定的防护作用。尽管这次大风和洪水造成大范围的破坏，但是死亡人数不到50人。

佛罗里达州和劳动节风暴

水永远是祸害的根源。1928年9月发生在佛罗里达州的飓风是20世纪美国第二个最猛烈的飓风。狂风呼啸，暴雨倾泻，造成奥基乔比湖的湖水泛滥，冲入人口密集的地区，水造成1836人死亡。灾难过后，在湖周围建筑了堤岸，加以防护。当1949年8月下一次飓风袭击奥基乔比湖时，尽管风速每小时达110英里（177千米），阵风达每小时153英里（246千米），但是湖水没有泛滥，只造成2人死亡。

1935年的劳动节风暴比佛罗里达州的风暴更猛烈。这次风暴发生在佛罗里达半岛南部，风速达每小时150～200英里（241～322千米），风眼气压为每平方英寸 12.9 磅（892.4 百帕），造成 408 人死亡。据记载，这是 1988 年飓风"吉尔伯特"发生之前的西半球气压最低的一次飓风。

劳动节风暴的死难者很多是退伍老兵，他们来到这里帮助建设美国 1 号高速公路。与当地居民不同，他们住在帐篷和简陋木屋里，他们以前从没经历过飓风，根本不了解飓风现象。9 月 2 日大约中午时候，风暴快速逼近，他们打电报叫火车从迈阿密来，准备撤离，其间耽误了一段时间，直到晚上 20 时后火车才到。乘客刚上火车，一股巨大的风就猛吹过来，火车脱离铁轨翻倒，有 10 节车厢被吹走 100 英尺（30 米）远。大多数老兵死亡，车厢中死亡的还有准备逃离的当地居民和游客。

水造成的破坏

美国东南沿海有大片低洼、平整的土地，那里海底浅坡造成风暴潮海浪变大，偶尔能淹没内陆大范围低地。1915 年发生在路易斯安那州的飓风造成很多人死亡。当时尽管事先发出飓风警报，但是人们仍待在位于低洼地带的家中。结果泛滥的洪水冲进低洼的地区，造成惨重的损失。1957 年发生在路易斯安那州沿海的飓风"奥德丽"造成12英尺（3.7米）的风暴潮，导致内陆25英里（40千米）洪水泛滥。

1969年8月17日，飓风"卡米尔"造成24.2英尺（7.4米）的大风暴潮。风暴潮越过克里斯蒂安山口处的密西西比州海岸。虽然海水没有淹没内陆，但是飓风"卡米尔"在8小时内造成弗吉尼亚州27英寸（686毫米）的降水，风速可达每小时100英里（160千米），阵风风速高达每小时175英里（282千米）。大雨造成突如其来的洪水，洪水中有109人死亡，还有另外41人死亡原因不明。在两州共造成255人死亡，68人下落不明。1940年8月，当飓风穿越佐治亚州、卡罗来纳州和田纳西州时，大雨引发的洪水造成30人死亡，大风造成20人死亡。

向北行进的风暴

美国东南沿海各州和墨西哥湾沿海各州最容易受飓风袭击，但是北部很多州也逃脱不了飓风的袭击。1938年9月发生在纽约州长岛和新英格兰南部的飓风造成600人死亡。飓风到达马萨诸塞州时，风速为每小时121英里（195千米），阵风达到每小时183英里（294千米）。

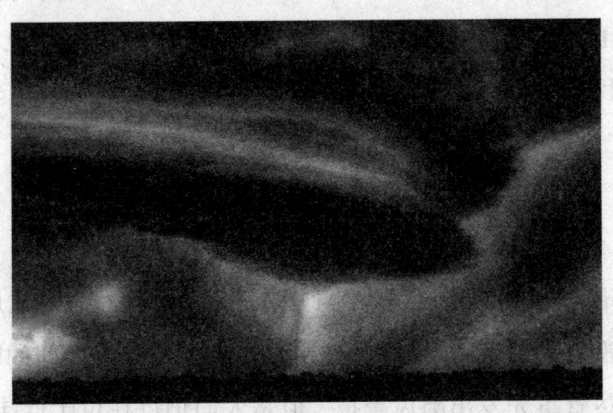

其他发生在1944年、1954年、1955年、1960年、1972年、1976年、1979年、1996年（飓风"伯莎"）和1999年（飓风"弗洛伊德"）的飓风也对新英格兰造成破坏。

的确，在1954年，新英格兰遭受3次飓风袭击。在8月份，飓风"卡罗尔"比在此之前历史上任何一次风暴造成的财产损失都大，主要是因为风暴潮引发的洪水淹没了许多低洼地区。人们刚刚摆脱灾难的阴影，9月份又发生了飓风"埃德娜"，在马萨诸塞州沿海的马撒葡萄园岛，阵风达每小时120英里（193千米）。

同年10月，第三次飓风——飓风"黑兹尔"袭击该地区。飓风"黑兹尔"是袭击北美的最大、最强烈的飓风之一，影响范围达9000平方英里（23 309平方千米）。10月12日，飓风"黑兹尔"袭击了海地的三个城镇，造成大约1000人死亡，同时也给距离500英里（800千米）远的波多黎各带来12英寸（305毫米）的降雨。飓风"黑兹尔"越过巴哈马群岛后，风速增强，超过每小时120英里（193千米）。10月15日，在美国南卡罗来纳州的默特尔海滨附近登陆。在一些地区，风暴潮达17英尺（5.2米），对170英里（273千米）的沿海造成巨大破坏。然后，飓风转向北，风力加剧。在纽约城，阵风达到每小时113英里（182千米），继续向北移动，进入加拿大。

飓风"玛里琳"

1995年9月，飓风"玛里琳"袭击了美国维尔京群岛和波多黎各。飓风过后，一个名叫威尔弗雷德·巴里的美国元帅乘坐军用喷气式飞机在圣托马斯岛上空飞行，观察飓风造成的破坏，他报告说岛上房屋的屋顶都被吹掉。按萨菲尔·辛普森飓风级别划分，飓风"玛里琳"只是1级飓风，然而，即使这样低的飓风却吹掉了房屋的屋顶。

飓风一般都会撕断房屋的屋顶，特别是坡度比较小的屋顶最易撕断。波纹铁屋顶特别容易被吹走，加油站油泵上的顶篷也容易被吹走。加油站位于路边，

通常用绳子系住柱子顶端，以便支撑顶篷。风大时房顶的石板瓦会被毁坏。

当风吹过高低不平的地表时，空气与地表间产生的摩擦力会减慢靠近地表的空气的流动速度，所以各个空气层的空气行进速度不同。空气旋转运动，气流波动很大，形成湍流。如果屋顶是用薄板材料建造的，向上移动的湍流就会冲向屋顶的突出屋檐，多次施加作用力，直到屋檐与建筑物脱离。然后，把薄板渐渐吹卷起来，一片搭着一片的石板瓦开始松动，风吹入松动的石板瓦内，直到加固的钉子弯曲、断裂。这时石板瓦被卷入空中，这样风可以更轻易地直接卷走屋顶的周围部分。

摩擦力减慢了空气速度，使各个空气层的行进速度不同。这就形成了湍流，所以在一些地方风向上吹，在另一些地方风向下吹。湍流上方是平流。

圣托马斯岛遭受飓风"玛里琳"的袭击最严重。在对圣托马斯造成严重破坏之后，飓风"玛里琳"又移向波多黎各，库莱布拉机场受到飓风的全面袭击。报纸上登载了一架小型飞机残骸的照片，飞机整个被吹翻了个，机身断裂，机翼和方向舵缠扭在一起。

其他飓风案例

1900年9月袭击德克萨斯州加尔维斯敦的飓风。这是美国历史上造成死亡人数最多的一次飓风。飓风造成的死亡人数估计为8000~12 000人。飓风类别为四级，飓风形成的洪水淹没了加尔维斯敦城的12个街区。

1909年9月袭击路易斯安那州的"大岛"飓风。该飓风为四级飓风。它造成了至少350人丧生和6百万美元的经济损失。路易斯安那州南部的大部分地区被淹。

1915年袭击德克萨斯州加尔维斯敦的飓风。这是该地区一年内第二次受到四级飓风袭击。尽管加尔维斯敦在1900年飓风袭击后建筑了一条防波堤，但飓风还是造成了275人死亡。

1919年9月袭击佛罗里达和德克萨斯的飓风。该飓风为四级飓风。它横扫了佛罗里达半岛、穿越墨西哥湾击中了德克萨斯的圣体节城，共造成600~800人死亡，其中许多人死在船上。

1928年9月袭击佛罗里达州奥基巧比湖的飓风。该飓风为四级飓风。在给波多黎各造成严重破坏后，该飓风登陆棕榈滩附近的奥基巧比湖。飓风摧毁了一条防洪堤引发洪水。造成1836人丧生，其中大部分人是被淹死的。对此次飓风，气象部门未能做出准确预报。

1944年9月袭击美国东北部的"伟大大西洋"飓风。该飓风为三级飓风。它沿美国东海岸北上，于9月14日以90英里/小时（145千米/小时）的风速袭击诺福克。造成394人丧生，其中大部分是在海上丧生的。

1957年6月袭击路易斯安那州南部的"奥德丽"飓风。该飓风为四级飓风，1957年6月26日深夜在路易斯安那州南部低地登陆，造成390人死亡。他们中的很多人原以为还会有一天时间可以撤离，但由于风暴加速，比预计的提前登陆，因而造成他们的不幸丧生。

相关灾害的预防和自救

台风防范与自救

风　灾

　　大风是指风力大到足以危害农业生产及其他经济建设的风。我国气象部门以平均风力达到或超过6级或瞬时风力达到或超过8级作为发布大风预报的标准。

　　大风所造成的灾害是多方面的，对工交、农林、牧渔业都有影响，尤其对农业生产危害最大。春季的大风，可加速土壤水分的蒸发，加剧干旱的威胁；干松的土壤，遇到大风时，表土易被吹走，形成风蚀，风速越大，耕土被侵蚀越严重，以致播下的种子暴露，或连同表土一起被刮走。当风速减弱时，被刮起的沙尘中较大的沙砾便沉降堆积，埋没农田幼苗，长此以往，农田就会变得荒芜。在我国西北和华南滨海地区，就有这种沙荒地分布和蔓延。夏季的大风，常使作物倒伏或秆折。秋季的大风能摇落作物和果树的果实。冬季的大风"白毛风"（牧区7级以上的大风夹雪），常把畜群吹散，使其迷途冻死或饿死。

防范风灾的措施

植树造林营造农田护田林网。在风沙危害地区营造防沙林、固沙林，在滨海地区营造防风林等。在林带的保护下，可改善农田的生态环境，减小风速，风蚀和流沙可被控制，从而防止大风对作物的危害。

筑防风障、打防风墙、挖防风坑等。建造这些小型防风工程，可以减弱风力，阻挡风沙。

合理采取农业技术措施。选育抗风的作物品种、对高秆作物培土、保护植被和镇压土壤等，都能起到一定的防风效果。

龙卷风

龙卷风是什么

龙卷风是一种具有垂直轴并伴随极大风速的空气旋涡。龙卷风是从高厚积雨云的底部伸出一个"象鼻状"的云柱,云柱有的到达地面或水面,有的却时伸时缩,挂在空中,当云柱伸达地面或水面时,能吸起大量的沙尘或水柱,在大陆上的叫陆龙卷,在海洋上的叫海龙卷。

龙卷风中心气压很低,可达400百帕,有时甚至低至200百帕,由于龙卷风内外具有这样大的气压差,可以顿时狂风大作,风速可达100～200米/秒,因此破坏力极大,可以毁坏农作物,掀翻车辆,摧毁建筑物等,造成极大灾害。例如,1981年5月15日12时20分至13时10分,在距河北省涞水县城西北5千米的山坡上,发生了一次强龙卷风,行程4千米。将长达60米的水泥石砌围墙吹倒,将12间钢筋水泥结构的库房全部掀掉,许多瓦片被卷上天空,抛到几百米的远处,所幸当时库房内没有护管人员,没有造成人员伤亡。

龙卷风的形成与监测

龙卷风在我国各地都有出现，多出现在夏季6—9月。因为此时高温高湿，大气层很不稳定，积雨云发展旺盛。在积雨云内存在剧烈的上升气流或下沉气流，升降气流间产生强大的旋转切变作用，形成气涡；当气涡的旋转轴垂直向下伸展时，就形成了龙卷风。龙卷风多集中在我国东半部地区。南方多于北方，平原多于山地。

因为龙卷风是一种小范围、短时间的突然而剧烈的天气现象，所以用固定位置的探测仪器很难对龙卷风进行准确的观测预报。气象卫星的出现给龙卷风预报增添了新的探测工具，尤其是用同步卫星拍摄的云层照片，在监视龙卷风的发生上起着重大作用。卫星昼夜都能观测，并且可以看到更小的目标。如果把卫星和雷达结合起来，就能连续观察龙卷风的变化，可在龙卷风发生前半小时发布警告。

洪 水

1995年10月，飓风"奥帕尔"越过墨西哥和美国佛罗里达州，造成大约40亿美元的损失。造成巨大破坏的不是风，而是飓风引发的洪水。从这一点上来看，"奥帕尔"是典型的飓风。

热带气旋带来的倾盆大雨会引发洪水，因为短时间内大量降雨远远超过了平时的降雨量，这样自然界排水系统排除不了这么多的雨水。

因为，通常当雨水落到地面上时，多数的水渗透到土壤里，这样水积蓄在浅表层。植物的根吸收土壤中的水分，通过蒸腾作用返回到空气中。一些水通过土壤上升到地表，从地表蒸发掉。其余的继续下渗，到达能够阻止液体渗透的岩层或密实的泥土，水就这样聚集在这一地土层之上。地面的水流和地表的溪流、河流融汇到一起，形成排除多余水的排水系统。然而，如果雨量很大，一些水就会形成地面径流而流过地表。因为水滴会冲击土壤颗粒，在地表面形成薄薄的密实的土层，这样水就更难以垂直排到土壤中。

在48小时内降水达到20英寸（508毫米）或以上时，自然界排水系统就失去作用。1994年7月，热带风暴"阿尔伯特"在美国佐治亚州一些地区带来

24英寸（610毫米）的降雨，在佐治亚州、亚拉巴马州和佛罗里达州形成洪水，这三个州被宣布为全国受灾地区。1993年10月，热带风暴"弗洛"带来的降雨引发了泥石流，菲律宾吕宋岛的200多户人家被埋葬在泥石流中。1998年的飓风"米切"是最近几年袭击

加勒比海和中美洲的最猛烈的飓风，飓风带来的降雨造成很多人死亡。飓风"米切"在一些地区每天有12～24英寸（305～610毫米）的降水。风暴持续的6天中降水量高达75英寸（1905毫米）。

当雨量达到一定程度时，雨水降到地面的速度超过了水渗入地下的速度。多数的水在地表流淌，快速流向山下，一些流入河流，一些积蓄在低洼的地表。这样河流水位上升，最终冲出河堤，暴发洪水。

风暴潮

飓风除了引发洪水外,还会使海水上涨,超出海平面10英尺(3米)或以上时,激起的巨大海浪袭击内陆,对沿途一切造成破坏。海平面的突然上涨叫做风暴潮。

飓风"米切"只产生了小风暴潮,但是2001年9月发生在美国佛罗里达州沿海的热带风暴"戈登"却产生了6英尺(1.8米)的海浪。飓风"奥帕尔"产生的12英尺(3.7米)的海浪袭击了美国海岸。正是这些海浪及引发的洪水造成大部分财产损失。

历史上有一些风暴潮比这些更猛烈,后果更严重。1961年台风"墨罗特2号"产生13英尺(4米)的风暴潮,海浪冲击了日本的大阪城。1992年8月下旬,热带风暴"波莉"在中国天津港造成20英尺(6米)的风暴潮。1979年"弗雷德里克"飓风在美国亚拉巴马州的莫比尔海湾入口处造成15英尺(4.6米)的风暴潮。

尽管上面提到的风暴潮很大,但是与历史记载的最大的风暴潮相比还逊色很多。1899年3月,历史上最大的风暴潮发生在澳大利亚昆士兰北部梅尔维尔角附近的巴瑟斯特海湾。这次风暴叫做海湾飓风"巴瑟斯特",产生 42 英尺（13 米）高的风暴潮。海浪摧毁了一个采集珍珠的船队,100 艘船上的水手都沉入海里丧生,岸上也大约死亡 100 人。

巴瑟斯特海湾遭受了历史上最大的风暴潮,但是造成的损失却不是最大。损失最大、最致命的风暴潮发生在 1900 年的美国得克萨斯州的加尔维斯顿岛,那里人口密集,岛屿全部受风暴潮袭击,损失惨重。

风力和水

由于空气有质量,所以风会产生破坏作用。当风移动的时候,会对行进路径上的物体施加作用力。我们日常生活中可以感受到风力的存在。刮风的时候你能感到风的压力。也许你感觉不到移动的水的压力,但是它比风的压力大,因为水的密度比空气的密度大得多。1 立方英尺空气的质量大约是 0.075 磅（1 立方米空气的质量大约是 1.2 千克）,1 立方英尺水的质量大约是 62 磅（1 立方米水的质量大约是 1 吨）。水的质量是空气质量的 800 多倍,所以在速度相等的情况下,流动的水施加的作用力是流动的风的 800 多倍。

除此之外，阵风大大增加了风力。阵风以不同的风力从不同的方向连续地吹，一系列的风波撞击建筑物，从上面越过或从侧面绕过建筑物，再以相反的方向往回吹，所以风施加了又推又拉的作用力，比阵风的连续吹打具有更大的破坏力。

海平面上升的时候

四种因素的作用会产生风暴潮。产生风暴潮的第一种因素是热带气旋内的气压下降，这会引起风暴风眼下的海平面升高。过去我们习惯于认为"水会找平自己的水位"。如果在一个装满水的无盖容器的底部用一根管子与另一个同一水平高度装了一半水的容器相连，水就会从装满水的容器流到装一半水的容器，直至两个容器的水位相同。两个容器水位相同的原因是各个容器水面上的气压相同。空中的大气对两个容器中每平方米的水的压力相同，这就是用虹吸管从一个容器吸到另一个容器的原因。

海洋上，各地的气压不同，所以海洋上空的气压在各处不一样。气压高的地方，海平面下降，气压低的地方，海平面升高。令人吃惊的是，各处的海平面也不一样。气压下降每平方英寸（1百帕）可以使海平面上升0.5英寸（13毫米）。卫星上的仪器能够准确测量海平面的高度，气象学家根据这些测量数据，准确计算出海平面的气压。

在1级飓风中，这些气压会使海平面大约升高14英寸（35.5厘米），在5级热带气旋中，会使海平面大约升高40英寸（1米）。当飓风风眼靠近海岸时，海平面会上升到这种高度。即使海平面上升得不多，但是如果正好碰上高潮，也可以在低洼的沿海地带造成洪水。

海 浪

海浪是发生在海洋中的一种波动现象。我们这里指的海浪是由风产生的波动，其周期为 0.5~25 秒，波长为几十厘米到几百米，一般波高为几厘米到 20 米，在罕见的情况下波高可达 30 米以上。

海浪可分为风浪、涌浪和近岸浪 3 种。

风浪，指的是在风的直接作用下产生的水面波动。

涌浪，指的是风停后或风速风向突变区域内存在下来的波浪和传出风区的波浪。

近岸浪，指的是由外海的风浪或涌浪传到海岸附近，受地形作用而改变波动性质的海浪。

灾害性海浪的形成：由台风、温带气旋、寒潮等天气系统引起并在强风作用下形成。

灾害性海浪按天气系统类型分为：冷高压型（也称寒潮型）；台风型；气旋型；冷高压与气旋配合型。

海浪的形成

海浪是海水的波动现象。

"无风不起浪"和"无风三尺浪"的说法都没有错,事实海上有风没风都会出现波浪。通常所说的海浪,是指海洋中由风产生的波浪。包括风浪、涌浪和近岸波。无风的海面也会出现涌浪和近岸波,这大概就是人们所说"无风三尺浪"的证据,但实际上它们是由别处的风引起的海浪传播来的。广义上的海浪,还包括天体引力、海底地震、火山爆发、塌陷滑坡、大气压力变化和海水密度分布不均等外力和内力作用下,形成的海啸、风暴潮和海洋内波等。它们都会引起海水的巨大波动,这是真正意义上的海上无风也起浪。

海浪是海面起伏形状的传播，是水质点离开平衡位置，做周期性振动，并向一定方向传播而形成的一种波动，水质点的振动能形成动能，海浪起伏能产生势能，这两种能的累计数量是惊人的。在全球海洋中，仅风浪和涌浪的总能量就相当于到达地球外侧太阳能量的一半。海浪的能量沿着海浪传播的方向滚滚向前。因而，海浪实际上又是能量的波形传播。海浪波动周期从零点几秒到数小时以上，波高从几毫米到几十米，波长从几毫米到数千千米。

风浪、涌浪和近岸波的波高从几厘米到20余米，最大可达30米以上。风浪是海水受到风力的作用而产生的波动，可同时出现许多高低长短不同的波，波面较陡，波长较短，波峰附近常有浪花或片片泡沫，传播方向与风向一致。一般而言，状态相同的风作用于海面时间越长，海域范围越大，风浪就越强；当风浪达到充分成长状态时，便不再继续增大。风浪离开风吹的区域后所形成的波浪称为涌浪。根据波高大小，通常将风浪分为10个等级，将涌浪分为5个等级。0级无浪无涌，海面水平如镜；5级大浪、6级巨浪，对应4级大涌，波高2～6米；7级狂浪、8级狂涛、9级怒涛，对应5级巨涌，波高6.1米到14米多。

海洋波动是海水重要的运动形式之一。从海面到海洋内部，处处都存在着波动。大洋中如果海面宽广、风速大、风向稳定、吹刮时间长，海浪必定很强，如南北半球西风带的洋面上，常年浪涛滚滚；赤道无风带和南北半球副热带无风带海域，虽然水面开阔，但因风力微弱，风向不定，海浪一般都很小。

灾害性海浪造成的危害

灾害性海浪在海上主要给航海、海上施工、渔业捕捞和海上军事活动等带来灾害。例如灾害性海浪在海上会引起船舶横摇、纵摇和垂直运动。横摇的最大危险在于船舶自由摇摆周期与波浪周期相近时，会出现共振现象，使船舶倾覆。剧烈的纵摇使螺旋桨露出水面，使机器工作不正常而引起失控。当海浪波

长与船长相近时，由于船舶的自重能使万吨巨轮拦腰折断。船舶在波浪中的垂直运动还会造成在浅水中航行的船舶触底碰礁。据史书记载，公元1281年6月，元世祖忽必烈和范文虎率10多万人的军队，4400多艘战舰在攻占日本的一些岛屿时，8月23日的一次台风突然袭来，狂风巨浪使4400艘战舰几乎全部毁坏、沉没。10多万人被葬身海底，活着逃回的仅3人。第二次世界大战中，英美海军在诺曼底登陆，就由于一次不大的风暴损失700艘登陆艇。1952年底一艘美国船就曾在意大利海岸附近被巨浪折成两半。

海上引起灾害的海浪，一般是指波高为6米以上的海浪。当然，对于不同性能的船舶，它所能抗御的海浪大小也不一样。没有动力的帆船以及小马力的机帆船，3米波高的海浪就足以对其构成威胁；千吨以上至万吨的船舶，其抗

浪能力又增强了,至于现代化的十几万吨、几十万吨的巨型船舶,只有特大的9米波高以上的巨浪,才能对其造成危害。对于海上施工、渔业捕捞等海上活动而言,波高6米的灾害性海浪能对其构成威胁。灾害性海浪传到近岸,受海底摩擦作用的影响,海浪能量集中表现在波压上。据测量,近岸浪对海岸的压力,可达到每平方米30~50吨,这对海岸工程、沿岸设施的破坏是毁灭性的,有时海浪还会携带大量泥沙进入海港、航道,造成淤塞等灾害。

灾害性海浪到了近海和岸边不仅冲击摧毁沿海的堤岸、海塘、码头和各类建筑物。还伴随风暴潮,沉损船只、席卷人畜,并致使大片农作物受淹和各种水产养殖珍品受损。海浪所致的泥沙运动使海港和航道淤塞。灾害性海浪到了近海和岸边,对海岸的压力可达到每平方米30~50吨。据记载，在一次大风暴中，巨浪曾把1370吨重的混凝土块移动了10米，20吨的重物也被它从4米深的海底抛到了岸上。巨浪冲击海岸能激起60~70米高的水柱。例如1989年8号台风于7月17日20时靠近珠江口上川岛东南约30千米处，沿海岸的边缘向西北偏西方向移动时，珠江口至湛江沿岸均有8~10米的海浪袭击海岸，致使沿岸海堤受到严重破坏。台山县海晏东镇的中门海堤（砌石堤），堤顶高5.7米，宽8米，长3.2千米全被海浪冲毁，阳江的海陵大堤标高4.5米，堤面宽度10米，被巨浪冲毁8米，剩下2米。据统计，这次台风浪共沉损船只536艘，冲毁堤围172千米、渠道149千米，电排站5075千瓦，农业受灾363.6万亩（其中包括水产养殖22.4万亩）。其中仅海浪毁坏的海堤水利工程直接经济损失约1.5亿元。

海浪对海上航行的危害

自有海难记录以来的200年间，全球已有100多万艘大中型船舶遭受巨浪狂风袭击沉没。在古代，人们限于船舶性能、通讯条件、导航设备的不足，很

难掌握海上巨浪的动向,经常出现重大海难事故。即使现代各种航行条件都较完善的情况下,重大海难仍不可避免。我国近海由灾害性海浪引起的海难每年平均有70次,经济损失每年约1亿元,死亡500余人。

海浪大多数是从侧面掀翻船舶的,但也发生过多次巨浪将船体拦腰截断的惨剧。1952年12月16日,一艘美国万吨商船在意大利西部遭受巨浪袭击时,恰好船的首尾分别位于两个相邻的波峰上,船体中心部位悬于波谷上,而被巨浪截为前后两段沉没。在大洋上还会不时出现一种特大的海浪。这种浪,一般是由多个波峰和波谷汇合而成,往往不易被船员发现。特别是夜晚时,正当船员们熟睡之际,遭到这种特大巨浪袭击,船舶会很快翻沉。因此,船员们常叫这种浪为"睡浪"。"睡浪"的最大波高可超过30米,当船首位于波谷突然下沉时,巨浪以压顶之势袭击过来,船只很难逃过这种灭顶之灾。一些在大洋中突然神秘失踪的船舶,很大可能是这种巨大"睡浪"造成的。

海浪灾难回顾

1994年9月27日,在波罗的海上航行的"爱沙尼亚"号渡轮,遭巨浪袭击沉没的重大海难事故,是近年来最为引人注目的事件。该轮为1.5万吨的渡轮,从爱沙尼亚的塔林驶往瑞典的斯德哥尔摩,载客1049名,渡轮驶出港口后不久,海面上就开始狂风大作,波高达6米的大浪接踵向渡轮扑来,虽然这不是最大海浪，乘客们已感到船只在剧烈摇摆和颠簸，在午夜时前舱门突然被大浪击开，汹涌的海水向底舱的停车库涌去，船体左舷急剧倾斜，咆哮的海浪扑向甲板，一声巨响船体上的烟囱倒覆在水面上，船底顷刻朝天，随即渡轮沉入80米深的波罗的海中。从发生险情到沉船仅15分钟，人们只接到唯一的一个报警信号。渡轮翻沉时，邻近的船舶和直升机先后赶到现场。由于夜晚大多数乘客已入梦境，毫无防备，只有少数人穿了救生衣下到救生筏上，最终幸存者只有220人，遇难总数约800多人，其中大部分是瑞典人，这是二次大战后欧洲发生的最大一次海难。

专家学者从船体的结构，当时海况分析，得出比较科学的判断，认为"爱沙尼亚"号遇到了非常罕见的大海浪，使得船的首舱门受到冲击而脱落，船体因大量进水而沉没；还有一种分析认为，是船只的密封层遭到损坏，海水渗透进去之后，形成巨大的压力把首舱门压垮了，究竟是何种因素？现在还无法定论，但海浪是它沉没的主要原因，是大家共同认定的。

锚定在海底的近海钻井石油平台，也难以抗御险恶的巨浪，近十几年因狂风巨浪平台遭受翻沉事故也屡有发生，平均每年1~2座，最多的一年曾高达8座。伤亡人数最多的一次是1980年3月27日夜晚位于墨西哥湾的"基兰"号石油平台被波涛吞没，遇难者达120多人。在我国海区，已有两座石油平台因巨浪分别沉没于渤海和南海，"渤海2号"平台于1979年11月在渤海航渡过程中被巨浪翻沉，死亡72人，仅2人生还；另一次是美国"爪哇海"号平台，在南海莺歌海作业时，遇到强台风引起的8.5米波高的狂浪袭击沉没，平台上中外人员无一生还。到目前为止，全世界因巨浪沉没的石油平台已达60余座。